DAS *Universum* FÜR DIE HOSENTASCHE

NEIL DEGRASSE TYSON,
MICHAEL A. STRAUSS,
und J. RICHARD GOTT

DAS *Universum* FÜR DIE HOSENTASCHE

Die kürzeste Reise durch die Astrophysik

AUS DEM ENGLISCHEN VON
HANS-PETER REMMLER

NEIL DEGRASSE TYSON,
MICHAEL A. STRAUSS,
und J. RICHARD GOTT

Bibliografische Information der Deutschen Nationalbibliothek:
Die Deutsche Nationalbibliothek verzeichnet diese Publikation in der Deutschen Nationalbibliografie; detaillierte bibliografische Daten sind im Internet über http://d-nb.de abrufbar.

Für Fragen und Anregungen:
info@finanzbuchverlag.de

Wichtiger Hinweis
Ausschließlich zum Zweck der besseren Lesbarkeit wurde auf eine genderspezifische Schreibweise sowie eine Mehrfachbezeichnung verzichtet. Alle personenbezogenen Bezeichnungen sind somit geschlechtsneutral zu verstehen.

1. Auflage 2022

Türkenstraße 89
80799 München
Tel.: 089 651285-0
Fax: 089 652096

Projektleitung: Fabian Ne[illegible]ll
Übersetzung: Hans-Peter Remmler
Redaktion: Silke Panten
Korrektorat: Dr. Manuela Kahle
Umschlaggestaltung: Karina Braun in Anlehnung an das Original von Karl Spurzem
Satz: Daniel Förster
Druck: GGP Media GmbH, Pößneck
Printed in Germany

ISBN Print 978-3-95972-557-6
ISBN E-Book (PDF) 978-3-98609-059-3
ISBN E-Book (EPUB, Mobi) 978-3-98609-060-9

INHALT

HINWEIS AN DIE LESERINNEN UND LESER

Das Universum für die Hosentasche ist eine auf das Wesentlichste konzentrierte Kurzfassung unserer deutlich ausführlicheren Gemeinschaftsproduktion *Herzlich Willkommen im Universum*. Am besten, Sie betrachten das vorliegende Buch als kleine Auswahl an kosmischen Appetithäppchen. Wir freuen uns natürlich, wenn Sie Appetit auf mehr bekommen: In *Herzlich Willkommen im Universum* wartet ein reich gedeckter Tisch mit einem kosmischen Festtagsmenü auf Sie.

KAPITEL 1

GRÖSSENVERHÄLTNISSE IM UNIVERSUM

Neil deGrasse Tyson

Wir fangen mit unserem Sonnensystem an. Dann geht's hinaus zu den Sternen. Und dann in die Galaxie, ins ganze Universum und darüber hinaus.

Das Universum. Es ist größer, als Sie denken. Es ist heißer, als Sie denken. Es ist dichter, als Sie denken. Und es ist leerer, als Sie denken. Ihre ganzen Vorstellungen vom Universum sind weniger exotisch als die Wirklichkeit. Legen wir uns etwas numerisches Rüstzeug zurecht, bevor wir anfangen. Beginnen wir doch einfach mit der Zahl 1. Sie werden Sie kennen. Es kommen keine Nullen darin vor. In Exponentialschreibweise wird sie zu 10^0, zehn hoch null. Rechts von dieser 1 stehen keine Nullen, was aus dem Exponenten null hervorgeht. Gehen wir einen Schritt weiter, zur Zahl 10. Die lässt sich natürlich auch als 10^1 schreiben, zehn hoch eins. Gehen wir weiter zur Zahl tausend – 10^3. Wie lautet das metrische Präfix für tausend? *Kilo-*, wie in Kilogramm (1000 Gramm) oder Kilometer (1000 Meter). Hängen wir weitere drei Nullen dran, und wir sind bei einer Million, 10^6, mit dem Präfix *Mega-*. Vielleicht konnten die Leute zu der Zeit, als das Megafon erfunden wurde, nur bis zu einer Million zählen. Wenn sie schon bis zur Milliarde gekommen wären, also 10^9, mit drei weiteren Nullen rechts von der 1, würde das Ding vielleicht Gigafon heißen.

Wissen Sie, wie groß eine Milliarde ist? Was geben wir üblicherweise in Milliarden an?

Gegenwärtig gehen wir auf eine Erdbevölkerung von 8 Milliarden Menschen zu.

Wie ist es mit Jeff Bezos, dem Gründer von Amazon? Was hat der auf der hohen Kante? Über 100 Milliarden Dollar. Wo haben Sie diese Zahl, 100 Milliarden, schon mal gesehen? Na ja, beinahe zumindest bei McDonald's: »Mehr als 99 Milliarden servierte Hamburger.« Das ist wahrscheinlich die größte Zahl, die Sie je im Alltag gesehen haben. Von 100 Milliarden war bei McDonald's nie die Rede, weil sie nur Platz für eine zweistellige Zahl vorgesehen hatten, deshalb endet die Burgerzählung bei 99 Milliarden. Aber dann machten sie einen auf Carl Sagan und es hieß »Milliarden und Abermilliarden serviert«.

Stellen Sie sich 100 Milliarden Hamburger vor, dicht aneinandergereiht. Wir fangen in New York City an und halten uns westwärts. Kommen wir bis Chicago? Aber sicher. Auch bis Kalifornien? Locker. Jetzt müssen wir herausfinden, wie wir die Burger aufs Wasser legen können. Bei dieser Kalkulation gehen wir vom Durchmesser des Brötchens aus, etwa 10 Zentimeter, die plattgedrückte Frikadelle darin ist ja etwas kleiner. Jetzt geht's also hinaus aufs Meer, auf eine große Weltumrundung. Wir überqueren den Pazifik, lassen Australien links liegen, es geht weiter durch den Indischen Ozean, wir passieren Afrika und überqueren den Atlantik, bis wir wieder an unserem Ausgangspunkt in New York City ankommen. Das sind schon eine ganze Menge Hamburger. Aber auch nachdem wir einen kompletten Erdumfang mit Brötchen belegt haben, haben wir noch jede Menge Hamburger übrig. Also drehen wir die gleiche Runde noch einmal, genauer: noch weitere 215-mal. Selbst jetzt sind noch ein paar übrig. Das Umrunden der Erde wird allmählich langweilig, deshalb stapeln wir den Rest ab sofort aufeinander. Wie hoch hinaus kommen wir damit? Wir kommen mit unseren aufeinandergestapelten Hamburgern, jeder davon 5 Zentimeter dick, bis zum Mond und wieder zurück. Nachdem wir die Erde 216-mal umrundet haben, wohlgemerkt. Erst dann haben wir unsere 100 Milliarden Hamburger sämtlich verbraucht. Deshalb haben Rinder Angst vor McDonald's. Zum Vergleich: Die Milchstraße, unsere Galaxie, hat circa 300 Milliarden Sterne. Vielleicht rüstet sich McDonald's ja bereits für den Kosmos.

Wenn Sie zufällig vor 31 Jahren und 252 Tagen geboren wurden, nehmen Sie die genaue Uhrzeit Ihrer Geburt und addieren dazu 5 Stunden, 33 Minuten und 20 Sekunden, dann wissen Sie ziemlich genau, in welchem Moment Sie eine Milliarde Lebenssekunden hinter sich hatten oder haben werden. Als alter Zahlen-Nerd habe ich mir damals erlaubt, diesen Moment mit einem Schluck Champagner zu feiern.

Aber nun weiter im Text: Welches ist der nächste Schritt, drei Stellen weiter? Eine Billion, 10^{12}. Auch dafür haben wir ein metrisches Präfix, nämlich *Tera-*. Bis zu einer Billion zu zählen, geht überhaupt nicht. Wenn Sie eine Zahl pro Sekunde vor sich hinzählen, würden sie dafür logischerweise 1000-mal 31 Jahre brauchen – 31 000 Jahre. Wir raten deshalb davon ab, es zu versuchen. Tun Sie's nicht, auch zu Hause nicht. Vor einer Billion Sekunden waren die Höhlenbewohner – oder Troglodyten, wie die Archäologen sagen – gerade dabei, ihre Höhlenmalereien an die Wohnzimmerwand zu zeichnen.

Im Rose Center of Earth and Space in New York gibt es eine spiralförmige Zeitachse des Universums, die beim Urknall beginnt und 13,8 Milliarden Jahre darstellt. Auseinandergewickelt ist sie etwa so lang wie ein Fußballplatz. Mit jedem Schritt auf dem spiralförmigen Wandelgang entlang dieser Linie legen Sie 50 Millionen Jahre zurück. Sie gelangen zum Ende der Rampe und fragen sich: Wo stehen wir? Wo finden wir die Geschichte der menschlichen Spezies auf dieser Achse? Der gesamte Zeitraum von vor einer Billion Sekunden bis heute, von den in Höhlen wohnenden Graffiti-Fans bis jetzt, entspricht nur der Dicke eines menschlichen Haares, das wir am Ende dieser Zeitspirale angebracht haben. Sie glauben, wir leben ein langes Leben? Sie glauben, Zivilisationen hätten über lange Zeit Bestand gehabt? Weit gefehlt – jedenfalls in kosmischen Dimensionen betrachtet.

Was haben wir als Nächstes? 10^{15}, eine Billiarde, metrisches Präfix *Peta-*. Laut dem Harvard-Biologen E. O. Wilson leben 1 bis 10 Billiarden Ameisen auf (und in) der Erde.

Und weiter? 10^{18}, eine Trillion, metrisches Präfix *Exa-*. Das entspricht der geschätzten Anzahl Sandkörner auf zehn großen Stränden.

Wir gehen noch drei Nullen oder einen Faktor 1000 weiter und sind nun bei 10^{21}, eine Trilliarde. Wir haben uns vorgearbeitet von Kilometern zu Megafonen zu McDonald's-Hamburgern zu Cro-Magnon-Malern zu Ameisen zu Sandkörnern, und jetzt stehen wir hier: über 10 Trilliarden

– die Zahl der Sterne im beobachtbaren Universum.

Es gibt immer wieder Leute, die steif und fest behaupten, wir wären allein in diesem Kosmos. Diese Leute haben einfach keine richtige Vorstellung von großen Zahlen, keine

Vorstellung davon, wie groß der Kosmos ist. Wir werden später genauer darauf zu sprechen kommen, was konkret mit dem *beobachtbaren Universum* gemeint ist, dem Teil des Universums, den wir sehen können.

Und wenn wir schon dabei sind, wie wär's mit einer Zahl, die noch viel größer ist als 1 Trilliarde – wie wär's mit 10^{81}? Das ist die Anzahl der Atome im beobachtbaren Universum. Warum sollte man jemals eine Zahl benötigen, die *noch* größer ist als diese? Was »in aller Welt« wollen wir damit zählen? Wie wär's mit 10^{100}, eine hübsche runde Zahl. Das nennt man ein *Googol* – nicht zu verwechseln mit dem Internetkonzern *Google*, die haben in ihrem Namen nämlich »Googol« absichtlich falsch geschrieben.

Es gibt nicht genug Objekte im Universum, die man mit einem Googol noch zählen könnte. Die Zahl haben wir einfach nur zum Spaß. Wir können schön 10^{100} schreiben, es ginge aber auch 10^100, falls Sie keine Funktion für Hochzahlen in Ihrer Textverarbeitung haben, und das gilt natürlich für alle unsere großen Zahlen und Exponenten. Dennoch können Sie selbst mit so großen Zahlen in bestimmten Situationen etwas anfangen: Zählen Sie keine *Dinge*; zählen Sie stattdessen Möglichkeiten, was mit Dingen passieren könnte. Ein Beispiel: Wie viele theoretisch mögliche, spielbare Schachpartien gibt es? Nach einer dreifachen Wiederholung der Stellung (bei gleichem Spieler am Zug) kann jeder Spieler Remis beantragen, ebenso wenn 50 Züge lang weder ein Bauer gezogen noch eine Figur geschlagen wird, oder wenn nicht mehr genug Figuren auf dem Brett verblieben sind, um ein Schachmatt zu konstruieren. Wenn wir davon ausgehen, dass ein Spieler das Remis erklären *muss*, sobald eine dieser drei Bedingungen erfüllt ist, können wir die Anzahl aller theoretisch möglichen Schachpartien berechnen. Das hat Richard Gott erledigt (weil er eben genau solche Dinge macht), und er fand heraus, dass die richtige Antwort eine Zahl unter 10^(10^4,4) ist. Das ist eine ganze Menge mehr als ein Googol, das wäre 10^(10^2). Auch hier zählen wir keine Dinge, wir zählen Möglichkeiten, wie Dinge sich entwickeln könnten. Auf diese Weise können Zahlen sehr, sehr groß werden.

Hier kommt eine noch größere Zahl. Wenn ein Googol eine 1 mit 100 Nullen ist, wie sieht es dann bei 10 hoch Googol aus? Auch dafür haben wir einen Namen: ein *Googolplex*. Das ist eine 1 mit einem Googol Nullen dahinter. Lässt sich diese Zahl überhaupt ausschreiben? Keine Chance. Dafür bräuchten Sie ein Googol Nullen, und ein Googol ist mehr als die Anzahl Atome im Universum. Wir müssen uns also mit folgenden Schreibweisen bescheiden: 10^{Googol}, oder $10^{10\wedge100}$ oder 10^(10^100).

Wir haben nicht die Absicht, Ihre Zeit zu verschwenden. Hier kommt eine Zahl, die noch größer ist als ein Googolplex. Jacob Bekenstein erfand eine Formel, die es uns ermöglicht, die maximale Anzahl möglicher Quantenzustände zu schätzen, deren gesamte Masse und Größe unserem beobachtbaren Universum vergleichbar sind. Angesichts der Quantenunschärfe, die wir beobachten, wäre das die maximale Anzahl separater beobachtbarer Universen wie dem unseren. Das wären 10^(10^124), und diese Zahl hat 10^{24}-mal mehr Nullen als ein Googolplex. Diese 10^(10^124) Universen reichen von ausgesprochen beängstigenden Exemplaren, die größtenteils aus schwarzen Löchern bestehen, bis zu solchen, die genau so sind wie unseres, nur dass dort Ihrer Nase ein Sauerstoffmolekül fehlt und die Nase irgendeines Aliens ein Sauerstoffmolekül mehr hat.

Ein mathematisches Theorem enthielt einmal die vollkommen krasse Zahl 10^(10^(10^34)). Diese nennt sich *Skewes*-Zahl, und sie stellt alle anderen in den Schatten.

Höchste Zeit, ein Gefühl für die Extreme im Universum zu entwickeln.

Wie sieht es mit der Dichte aus? Sie wissen intuitiv, was Dichte ist, aber denken wir einmal an die Dichte im Kosmos. Zuerst erkunden wir die Luft in unserer Umgebung. Sie atmen $2{,}5 \times 10^{19}$ Moleküle pro Kubikzentimeter ein – 78 Prozent Stickstoff und 21 Prozent Sauerstoff (dazu noch 1 Prozent »Sonstiges«). Wenn wir hier von Dichte sprechen, geht es um die Anzahl der Moleküle, Atome oder losen Partikel, aus denen die entsprechende Materie besteht.

Eine Dichte von $2{,}5 \times 10^{19}$ Molekülen pro Kubikzentimeter ist wahrscheinlich mehr, als Sie gedacht hatten. Wie steht es mit der besten Vakuumtechnik in unseren Laboren? Gar nicht so übel, wir schaffen es heutzutage, die Dichte auf circa 100 Moleküle pro Kubikzentimeter herunterzufahren. Was haben wir im interplanetaren Weltraum? Der Sonnenwind, der so weit von uns entfernt ist wie die Sonne von der Erde, enthält etwa 10 Protonen pro Kubikzentimeter. Und was ist mit dem interstellaren Raum, dem Weltraum zwischen den Sternen? Dort schwankt die Dichte, je nachdem, wo Sie gerade unterwegs sind; aber Regionen, in denen die Dichte auf weniger als 1 Atom pro Kubikzentimeter fällt, sind nichts Ungewöhnliches. Im intergalaktischen Raum liegt der Wert noch viel niedriger: 1 Atom pro Kubikmeter.

Auch in unseren besten Laboratorien bekommen wir derart »leere« Vakuumbedingungen nicht hin. Es gibt da den alten Spruch »Die Natur verabscheut das Vakuum«. Die Leute, die das behaupteten, haben die Erdoberfläche niemals verlassen. In Wirklichkeit *liebt* die Natur das Vakuum, denn der größte Teil des Universums ist genau das: ein Vakuum. Als sie »Natur« sagten, meinten sie damit gerade einmal den Grund dieser dünnen Hülle aus Luft, die wir Atmosphäre nennen, und diese Luft ist in der Tat bestrebt, Leerräume auszufüllen, wo immer sie welche antrifft.

Werfen Sie ein Stück Kreide an eine Tafel, sodass es in tausend Stücke zerspringt, und heben sie eines der Bruchstücke auf. Sagen wir, ein solches Bruchstück hat einen Durchmesser von 1 Millimeter. Stellen Sie sich vor, das wäre ein

Proton. Kennen Sie das einfachste Atom? Es ist das Wasserstoffatom. Sein Kern enthält ein Proton, und normaler Wasserstoff hat ein Elektron, das in einem kugelförmigen Raum um das Proton herum zu Hause ist. Diese Räume bezeichnen wir als Orbitale. Wenn das Kreidestückchen das Proton ist, wie groß wäre dann das gesamte Wasserstoffatom? Hundert Meter im Durchmesser – ein Fußballplatz ist ungefähr hundert Meter lang. Atome sind also ziemlich leer, wenn auch klein: etwa 10^{-10} Meter im Durchmesser. Das ist ein zehnmilliardstel Meter. Erst wenn sie bis 10^{-14} oder 10^{-15} Meter heruntergehen, messen Sie die Größe des Atomkerns. Es geht aber noch kleiner. Wir kennen den Durchmesser des Elektrons noch nicht. Es ist kleiner, als wir messen können. Allerdings besagt die Superstring-Theorie, dass es sich um einen winzigen, vibrierenden String mit einer Länge von $1{,}6 \times 10^{-35}$ Metern handeln könnte. Materie ist somit als Ort für Leere bestens geeignet.

Jetzt gehen wir in die andere Richtung, zu immer größerer Dichte. Wie sieht es mit der Sonne aus? Sie ist in ihrem Zentrum ziemlich dicht (und unfassbar heiß), am äußeren Rand jedoch viel weniger dicht. Die durchschnittliche Dichte beträgt etwa das 1,4-Fache von Wasser. Und wir kennen die Dichte von Wasser sehr genau: 1 Gramm pro Kubikzentimeter. In ihrem Kern hat die Sonne eine Dichte von 160 Gramm pro Kubikzentimeter. Allerdings ist die Sonne in diesen Dingen eher gewöhnlich. Sterne können sich diesbezüglich auf faszinierende Weise (daneben)benehmen. Manche dehnen sich aus und werden riesig und knollenförmig bei sehr geringer Dichte, andere kollabieren und werden extrem klein und dicht. Denken Sie an das Kreide-Proton-Bruchstück und den einsamen, leeren Raum, der es umgibt. Es gibt Prozesse im Universum, die Materie kollabieren lassen und so dicht zusammenpressen, dass zwischen dem Nukleus und den Elektronen, die ihn umgeben, kein Platz mehr frei bleibt. In diesem Zustand erreicht die Materie die Dichte eines Atomkerns. Innerhalb solcher Sterne liegt jeder Nukleus gewissermaßen Wange an Wange zu seinen Nachbar-Nuklei.

Die Objekte mit solch außergewöhnlichen Eigenschaften bestehen zufällig größtenteils aus Neutronen – ein Bereich des Universums mit superhoher Dichte.

In unserer Zunft benennen wir die Dinge in der Regel so, wie wir sie sehen. Große rote Sterne nennen wir *Rote Riesen*. Kleine weiße Sterne heißen bei uns *Weiße Zwerge*. Wenn die Sterne aus Neutronen bestehen, heißen sie *Neutronensterne*. Sterne, bei denen wir ein Pulsieren beobachten, sind *Pulsare*. In der Biologie kommen sie mit ellenlangen lateinischen Begriffen um die Ecke. Mediziner schreiben Rezepte in einer Art Keilschrift, die kein Patient versteht, vom Apotheker jedoch beherrscht wird. In der Biochemie hat der Name des beliebtesten aller Moleküle zehn Silben: Desoxyribonukleinsäure. Der Anfang allen Raums und aller Zeit, Materie und Energie im Kosmos heißt dagegen schlicht

Urknall oder *Big Bang*. Wir sind einfache Leute, mit einem ziemlich einsilbigen Lexikon. Das Universum ist schließlich kompliziert genug, wozu also noch komplizierte Wörter erfinden, nur um Sie noch mehr zu verwirren?

Darf's noch etwas mehr sein? Im Universum gibt es Orte, an denen die Schwerkraft so stark ist, dass kein Licht mehr durchkommt. Sie fallen in diesen Raum und kommen nicht mehr heraus. Diese Orte heißen *Schwarze Löcher*. Wieder haben wir mit ziemlich wenigen Silben alles gesagt.

Wie dicht ist ein Neutronenstern? Packen Sie eine Herde mit 100 Millionen Elefanten in die Hülle eines Lippenstifts. Anders ausgedrückt: Wenn Sie 100 Millionen Elefanten auf eine Seite einer Wippe setzen und eine Lippenstifthülle angefüllt mit der Materie eines Neutronensterns auf die andere Seite, dann ist die Wippe im Gleichgewicht. Ganz schön dicht, das Zeug, finden Sie nicht?

Wie sieht es mit der Temperatur aus? Ein heißes Thema. Beginnen wir mit der Oberfläche der Sonne. Etwa 6000 Kelvin – 6000 K (eine Temperaturangabe in Kelvin entspricht der Temperatur in Grad Celsius plus 273). Da verdampft alles, was in die Nähe kommt. Deshalb besteht die Sonne aus Gas, denn bei der Temperatur verdampft ja alles. Zum Vergleich: Die durchschnittliche Temperatur auf der Erdoberfläche beträgt nur 287 K.

Welche Temperaturen haben wir im Zentrum der Sonne? Sie haben es wahrscheinlich bereits erraten: Im Kern ist die

Sonne noch viel heißer als an der Oberfläche. Im Kern liegen wir bei ungefähr 15 Millionen K.

Kühlen wir uns ein bisschen ab. Welches ist die Temperatur des gesamten Universums? Es hat tatsächlich eine Temperatur – die ist vom Urknall übriggeblieben. Am Anfang, vor 13,8 Milliarden Jahren, war sämtlicher Raum, alle Zeit, Materie und Energie, die Sie sehen, bis hinaus in 13,8 Milliarden Lichtjahren Entfernung, ganz dicht zusammengequetscht. (Ein Lichtjahr ist die Strecke, die das Licht bei einer Geschwindigkeit von 300 000 Kilometern pro Sekunde in einem Jahr zurücklegt – circa 10 Billionen Kilometer). Das im Entstehen begriffene Universum war eine Sekunde nach seiner Geburt extrem heiß, um die 10 Milliarden K, ein brodelnder Kessel aus Materie und Energie. Seitdem hat die kosmische Ausdehnung das Universum auf ganze 2,7 K heruntergekühlt.

Diese Ausdehnung und Abkühlung setzen sich bis heute fort. So beunruhigend es auch sein mag, alles spricht dafür, dass wir uns auf einer Reise ohne Wiederkehr befinden. Wir wurden beim Urknall geboren und dehnen uns immer weiter aus. Die Temperatur wird immer weiter sinken, bis auf 2 K, dann auf 1 K, dann ein halbes Kelvin, wir nähern uns asymptotisch dem absoluten Nullpunkt an. Letztendlich dürfte die Temperatur des Universums bei nahezu 7×10^{-31} K liegen (oder 0,7 Millionstel-Billionstel-Billionstel eines Grads über dem absoluten Nullpunkt). Grund dafür ist ein Effekt, den

Stephen Hawking entdeckt hat und auf den wir in Kapitel 8 zu sprechen kommen werden. Sehr beruhigend ist diese Tatsache allerdings nicht. Die Sterne werden damit zum Ende kommen, ihren gesamten thermonuklearen Treibstoff zu verschmelzen, und bei einem nach dem anderen werden die Lichter ausgehen, und sie werden vom Nachthimmel verschwinden. Interstellare Gaswolken erzeugen zwar neue Sterne, aber natürlich geht das auf Kosten ihres Gasvorrats. Sie fangen an mit Gas, Sie erzeugen Sterne, die Sterne werden alt, und zurück bleibt eine Leiche – die Endprodukte am Ende der Sackgasse der stellaren Evolution: Schwarze Löcher, Neutronensterne und Weiße Zwerge. Das geht so lange weiter, bis alle Lichter der Galaxie erloschen sind, eines nach dem anderen. Die Galaxie wird dunkel. Das Universum wird dunkel. Damit bleiben Schwarze Löcher zurück, die nur einen schwächlichen Lichtschein abstrahlen – auch das nach einer Vorhersage von Stephen Hawking.

Und so endet der Kosmos. Nicht in einem Feuerwerk, sondern eiskalt. Und nicht mit einem gewaltigen Knall, sondern mit einem kläglichen Wimmern.

Ich wünsche Ihnen einen schönen Tag! Und herzlich willkommen im Universum.

KAPITEL 2

PLUTOS PLATZ IM SONNENSYSTEM

Neil deGrasse Tyson

Das Rose Center am American Museum of Natural History in New York, dessen Direktor ich bin, zeigt in einem großen Glaswürfel eine Kugel mit einem Durchmesser von rund 27 Metern. In der oberen Hälfte der Kugel befindet sich die Kuppel des Hayden-Planetariums, in der unteren das Big Bang Theater, das den Besuchern eine fantastische Simulation des Urknalls zeigt. Die Konstruktion unterstreicht, dass das Universum Kugeln liebt – in Erkenntnis der Tatsache, dass sich die Gesetze der Physik dazu verschwören, Dinge rund zu machen, seien es nun Sterne, Planeten oder Atome. Ausgehend von einer runden baulichen Struktur setzten wir es als Ausstellungsstück ein, das es uns ermöglicht, die

Größenverhältnisse der Dinge im Universum zu vergleichen. Ein um die 27-Meter-Kugel herum angebrachter Wandelgang lädt die Besucher ein, sich die »Größenverhältnisse im Universum« genauer anzusehen. Stellen Sie sich zunächst einmal vor, die Kugel des Planetariums wäre das gesamte beobachtbare Universum. Am Handlauf befindet sich ein Modell von der Größe einer menschlichen Faust, das die Größe unseres Virgo-Superclusters darstellt, welches Tausende von Galaxien enthält, darunter auch unsere Milchstraße.

Beim nächsten Stopp in der Mitte unseres Rundgangs durch die Größenverhältnisse unseres Universums stellt die große Kugel die Sonne dar, zusammen mit Planetenmodellen in maßstabsgerechter Größe relativ zur Größe der Sonne. So geht es immer weiter, immer kleinere Dimensionen werden vergleichend nebeneinandergestellt. Wenn die Kugel des Planetariums das Wasserstoffatom repräsentiert, veranschaulichen wir anhand eines winzigen Punkts die Größe von dessen Kern: Der Punkt hat einen Durchmesser von 0,2 Millimetern, was wiederum zeigt, dass das Atom zum allergrößten Teil aus leerem Raum besteht.

An der Stelle auf dem Pfad, an dem Sie die große Kugel, also die Sonne, mit den Dimensionen der Planeten vergleichen können, haben wir Pluto weggelassen. Das erscheint zunächst gar nicht nett gegenüber Pluto, aber wir hatten gute Gründe. Genau hier nahm der ganze Ärger um Pluto seinen Anfang.

Ein Reporter, der die Ausstellung ein Jahr nach der Eröffnung besuchte, bemerkte, dass Pluto bei der Darstellung der relativen Größe der Planeten fehlte, und er beschloss, die Sache groß rauszubringen. Es folgte eine Story auf Seite 1 in der *New York Times*, und danach gab es kein Halten mehr. Ich möchte Ihnen in Kurzfassung beschreiben, was wir gemacht haben und warum wir es gemacht haben.

Anfang des 20. Jahrhunderts kannte man acht Planeten: Merkur, Venus, Erde, Mars, Jupiter, Saturn, Uranus und Neptun. Clyde Tombaugh entdeckte im Jahr 1930 Pluto. Noch im Jahr 1962 hieß es in einer Auflistung in Allens *Astrophysical Quantities*, Plutos Masse betrüge 80 Prozent der Erdmasse, allerdings mit einem Fragezeichen versehen, was das Ganze als begründete Vermutung auswies: Das Ding sah jedenfalls ganz nach einem Planeten aus.

1978 wurde ein Pluto-Mond entdeckt: Charon. Charon und Pluto kreisen um ein gemeinsames Massezentrum, wie sich das gehört. Aus Beobachtungen des Orbits und unter Nutzung von *Newtons Gravitationsgesetz* konnten wir nun Plutos Masse berechnen, und siehe da: Pluto hat nur 1/500stel der Masse der Erde. Verglichen mit anderen Planeten ist das winzig.

Übrigens: Newton war schon ein krasser Typ. Sein Gesetz der Schwerkraft besagte, zwei Körper ziehen sich gegenseitig mit einer Kraft an, die proportional ist zum Produkt ihrer Massen, geteilt durch das Quadrat der Entfernung zwischen den beiden Körpern. Das erklärte die beobachtete elliptische Form der Planetenbahnen. Als Newton diese Formel entwickelte, war er noch keine 26 Jahre alt. Er entdeckte erstaunlicherweise auch, dass die Farben des Regenbogens, wenn man sie addiert, weißes Licht ergeben. Er erfand die Infinitesimalrechnung und das Spiegelteleskop. All das brachte er fertig.

Also: Was machen wir jetzt mit Pluto? Pluto ist der mit Abstand kleinste Planet. Es gibt sieben *Monde* in unserem Sonnensystem, die größer sind als Pluto. Auch der Mond der Erde ist einer davon. Plutos Bahn ist so stark elliptisch, dass er als einziger Planet die Bahn eines anderen Planeten kreuzt. Pluto besteht zum größten Teil aus Eis – es macht 55 Prozent seines Volumens aus. Wir haben ein Wort für solche Eisbrocken im Sonnensystem: Kometen. Pluto weist eine Menge Gemeinsamkeiten mit Kometen auf. Allerdings nähert er sich nicht der Sonne an, um dann mit Schwung wieder in die Weiten des Weltalls zu entschweben, wie es die meisten Kometen tun. Wenn ein eisiger Komet nahe an die Sonne herankommt, entweichen ihm Dampf und Staub, was einen langen Schweif entstehen lässt. Kometen sind klein (der Halleysche Komet hat beispielsweise einen Durchmesser von 7 Kilometern), können aber einen Schweif von mehreren Millionen Kilometern Länge hinter sich herziehen. Pluto kommt der Sonne niemals so nahe, deshalb sehen wir bei ihm nichts dergleichen. Trotz seiner atypischen Merkmale hatten die Leute kein Problem damit, Pluto innerhalb der Definition eines Planeten zu behalten.

Im Rose Center wollten wir allerdings nach Möglichkeit auf Nummer sicher gehen, was die Zukunft unserer Ausstellungsstücke betraf. Trends in der Planetenforschung waren für uns sehr wichtig. Pluto unterscheidet sich von Merkur, Venus, Erde und Mars stärker, als diese sich untereinander unterscheiden. Merkur, Venus, Erde und Mars sind relativ kleine Gesteinsplaneten. Sie bilden eine Familie.

Merkur, der sonnennächste Planet, hat einen großen Eisenkern, nur einen Hauch von Atmosphäre und eine von Kratern übersäte Oberfläche. Die Venus ist von Wolken umgeben. Unter dieser Wolkendecke gibt es dramatische Gebirgszüge und auch ein paar Krater. Die Venus ist nur ein bisschen kleiner als die Erde und hat eine dichte Atmosphäre aus Kohlendioxid (CO_2), verbunden mit einem extremen Treibhauseffekt, der eine unerträglich hohe Oberflächentemperatur zur Folge hat. Der Mars ist kleiner als Erde und Venus, aber größer als Merkur. Er weist eine dünne CO_2-Atmosphäre auf, die lediglich einen winzigen Treibhauseffekt bewirkt. Dadurch, und wegen des größeren Abstands zur Sonne, ist der Mars deutlich kälter als die Erde. Der Atmosphärendruck auf dem Mars beträgt nur etwa ein Hundertstel des Werts auf der Erde. Es gibt dort dunkle Gebiete auf der Oberfläche, bestehend aus Basaltgestein, wo einst Lava floss. Diese Regionen sind nicht von Sand und Staub bedeckt. Die roten Bereiche, die den Mars zum »Roten Planeten« machen, sind Wüsten; ihre Farbe verdanken sie dem überall vorhandenen Sand und Staub, der durchsetzt ist mit Eisen und Rost. Auf dem Mars gibt es ein Grabenbruchsystem, das von der Ost- bis zur Westküste der USA reichen würde. Es gibt dort auch einen erloschenen Vulkan, Olympus Mons, mit über 21 000 Metern Höhe. Es ist der höchste Berg im ganzen Sonnensystem. Der Mars hat zwei Polkappen, die größtenteils aus Wassereis bestehen, mit einer Schicht Trockeneis (gefrorenem CO_2) obendrauf – an der nördlichen Polkappe nur im Winter, am Südpol das ganze Jahr über. Der Mars ist, von der Erde abgesehen, der am ehesten bewohnbare aller Planeten.

Was haben wir sonst noch da draußen? Wir haben Jupiter, Saturn, Uranus und Neptun. Alle vier sind groß und gasförmig und bilden deshalb eine weitere Familie. Auch für diese vier gilt: Sie haben untereinander mehr Gemeinsamkeiten, als jeder Einzelne von ihnen mit Pluto gemein hat.

Die Kreisbahn des Jupiters liegt jenseits von der des Mars. Er ist der größte Planet, im Durchmesser 11-mal größer als die Erde. Dennoch ist Jupiter winzig im Vergleich zur Sonne. Deren Durchmesser ist 109-mal größer als die Erde. Der Jupiter besteht größtenteils aus Wasserstoff und Helium, ganz ähnlich wie die Sonne. Später werden wir sehen, dass dies die beiden wichtigsten Zutaten für die Geburt des gesamten Universums sind.

Die äußere Atmosphäre des Jupiters enthält Wolken aus Methan und Ammoniak, der Jupiter hat Wolkengürtel, und sein Großer Roter Fleck ist ein Sturm, der dort seit über 300 Jahren tobt. Der Saturn ist dem Jupiter ähnlich, allerdings umgeben von einer eindrucksvollen Gruppe von Ringen, die aus Eispartikeln bestehen und den Planeten umkreisen. Uranus und Neptun ähneln Saturn und Jupiter, sind aber deutlich kleiner. Auf dem Neptun herrschen Winde von 2000 Stundenkilometern und mehr.

Die terrestrischen Gesteinsplaneten bilden zusammen das innere Sonnensystem, in welchem, erwärmt durch die Sonne, leichtere Elemente wie Wasserstoff und Helium so stark aufgeheizt werden, dass sie der Schwerkraft des Planeten entfliehen können.

Die Planeten, die sich im äußeren Sonnensystem gebildet haben, die sogenannten Gasriesen, sind kälter, behalten ihren Wasserstoff und ihr Helium ganz bei sich und werden dadurch sehr massereich.

Pluto passt in keines dieser Familienfotos. Über die Jahrzehnte waren wir einfach nett zu Pluto, indem wir ihn in der Planetenfamilie behielten, obwohl wir im tiefsten Innern eigentlich wussten, dass er nicht dazugehörte. Ein Blick in die Schulbücher von Ende der 1970er- (als wir Plutos Größe und Masse endgültig bestimmen konnten) und den 1980er-Jahren zeigt, dass Pluto begann, mit den Kometen, den Asteroiden und anderem »Geröll« im Sonnensystem zu verklumpen. Das waren die ersten Anzeichen, die Plutos lupenreinen Status als Planet infrage stellten.

Im Jahr 1992 dann fanden wir ein weiteres Objekt im äußeren Sonnensystem – einen weiteren Eiskörper jenseits des Neptuns. Seitdem haben wir über 2000 solcher Objekte entdeckt. Wie sehen ihre Kreisbahnen aus? Sie liegen alle jenseits der Bahn des Neptuns, und bei vielen ist der Orbit so stark geneigt und elliptisch, dass sie der Bahn Plutos ähneln. Tatsächlich bilden diese neu entdeckten Eisbrocken einen ganz neuen »Immobilienkomplex« in unserem Sonnensystem. Der Astrophysiker Gerard Kuiper beschrieb als Erster die mögliche Existenz dieser kleinen Eiskörper, deshalb nennen wir die Region, in der diese Brocken ihre Bahnen ziehen, *Kuipergürtel*. Pluto bewohnt den inneren Rand dieses Kuipergürtels, wie die meisten der anderen eisigen Objekte. Nun ergibt Plutos Existenz erst einen richtigen Sinn. Er hat Brüder. Er hat ein Zuhause. Pluto ist ein KBO, ein *Kuiper Belt Object*.

Der Pluto ist das größte bekannte KBO, und das ergibt auch Sinn. Beim ersten entdeckten Objekt einer neuen Spezies sollte man annehmen, dass es das größte und hellste seiner Art ist. Ceres, der erste Asteroid, der entdeckt wurde, ist bis heute der größte bekannte Asteroid.

Daheim im Rose Center machten wir also Pluto einfach zu einem Objekt im Kuipergürtel. Wir sagten noch nicht einmal ausdrücklich, dass er kein Planet wäre. Die physikalischen Eigenschaften waren uns bei der Gestaltung wichtiger als irgendwelche Etiketten.

Und so war das, ein Jahr lang, bis zu jenem schicksalhaften Artikel in der *New York Times* vom 21. Januar 2001, mit der Überschrift »Pluto ist kein Planet? Nur in New York«. Autor war der Wissenschaftsjournalist Kenneth Chang.

Der Artikel wurde zum Volltreffer im Internet, kam in den Fernsehnachrichten und auf der großen regionalen Nachrichtenwebsite boston.com. Geschlagene drei Monate meines Lebens verbrachte ich mit nichts anderem als der Bearbeitung von Medienanfragen.

Walt Disneys Pluto, der Zeichentrickhund, wurde 1930 das erste Mal gezeichnet, genau in dem Jahr, in dem Clyde Tombaugh den Himmelskörper entdeckte. In der Psyche Amerikas sind also der Hund und das kosmische Objekt genau gleich alt. Disney ist ein bedeutender Faktor in unserer Kultur. Wäre Merkur herabgestuft worden, kein Mensch hätte sich daran gestört. Aber es war Pluto. Wer ist Pluto? Pluto ist der Hund von Micky Maus.

Komplettieren wir die Diskussion. Beim Gedanken an die riesige Lücke zwischen den Kreisbahnen von Mars und Jupiter in unserem Sonnensystem hatten die Menschen das Gefühl, da draußen müsste es noch einen Planeten geben. Die Lücke ist einfach zu groß, als dass da kein Planet sein könnte. Nach einiger Anstrengung fand Giuseppe Piazzi, ein italienischer Astronom, im Jahr 1801 einen Planeten in dieser Lücke. Man taufte ihn Ceres. Alle waren ganz aufgeregt, weil ein neuer Planet entdeckt worden war. Haben Sie jemals von diesem Planeten gehört? Nein. Ein Buch aus jener Zeit zeigt die Kreisbahnen der acht bekannten Planeten: Merkur, Venus, Erde, Mars, Ceres, Jupiter, Saturn und der Planet Herschel (der hieß damals noch nicht Uranus). Ja, tatsächlich, Ceres (Durchmesser 946 Kilometer) steht auch in der Liste.

Schauen wir in ein anderes Buch, 30 Jahre später: *The Elements of the Theory of Astronomy* von John Hymers, ein stark mathematisch geprägtes Lehrbuch. Darin sind elf Planeten aufgelistet: Merkur, Venus, Erde, Mars, Vesta, Juno, Ceres, Pallas, Jupiter, Saturn und Uranus – jeweils mit ihren Symbolen bezeichnet (♀ für die Venus, ♁ für die Erde, ♂ für den Mars usw.). Neptun war zu der Zeit noch nicht entdeckt worden. Damit waren vier neue Planeten aufgetaucht, und alle brauchten eigene neue Symbole, und wir waren nun bei elf Planeten. Planeten waren Dinge, die um die Sonne kreisten. Kometen bewegten sich zwar ebenfalls um die Sonne, waren aber unscharf und hatten Schweife, deshalb bezeichneten wir sie nicht als Planeten. Als wir diese neuen, nicht kometenähnlichen Objekte zwischen Mars und Jupiter fanden – Vesta, Juno, Ceres und Pallas –, nannten wir sie ebenfalls Planeten. Ein paar Jahre später hatten wir noch 70 weitere dieser Objekte entdeckt. Und wissen Sie, was wir noch herausgefunden haben? Diese Dinger hatten mehr miteinander gemeinsam, als jedes Einzelne von ihnen mit irgendetwas anderem im Sonnensystem gemeinsam hatte, und sie alle kreisten in der gleichen Zone. Wir hatten keine neuen Planeten entdeckt, sondern eine ganz neue Art von Objekten. Heute bezeichnen wir sie als *Asteroiden*. Den Namen hat William Herschel erfunden, der Mann, der den Uranus entdeckte. Er fand heraus, dass sie im Vergleich zu den etablierten Planeten winzig waren, und er sprach sich dafür aus, sie zu einer neuen Objektklasse zusammenzufassen. Dinge, die anfänglich als »Planeten« bezeichnet wurden, wurden später unter einem neuen Namen klassifiziert, und was noch wichtiger ist: Wir lernten etwas Neues über die Struktur des Sonnensystems. Unsere Wissensbasis erweiterte sich, und unser Verständnis wuchs. Das alles geschah ungefähr zehn Jahre nach der Veröffentlichung von *The Elements of the Theory of Astronomy*.

Pluto hat etwa ein Fünftel des Durchmessers der Erde – er ist kleiner als unser Mond, genau wie die anderen Objekte im Kuipergürtel auch. Die vier größten Jupitermonde (entdeckt von Galileo, als dieser zum ersten Mal sein Teleskop gen Himmel richtete) sind allesamt größer als Pluto. Ganymed, Jupiters größter Mond, ist ein wenig größer als der Merkur, aber weniger als halb so massereich. Io und Europa werden von der Schwerkraft der anderen Monde ein wenig herumgeschubst und durch die Gezeiten des Jupiters durchgeknetet und dadurch erwärmt. Io ist von aktiven Vulkanen bedeckt. Europa besitzt einen 80 Kilometer tiefen Wasserozean – unter einer 10 Kilometer dicken Eiskruste. Die Ozeane Europas enthalten mehr Wasser als alle Ozeane auf der Erde zusammen. Der kleine Saturnmond Enceladus wird ebenfalls gezeitenbedingt erwärmt und hat einen südlichen Ozean unter einer Eiskappe, sowie spektakuläre Wassergeysire, die in die Höhe sprudeln. Titan, der größte Saturnmond, besitzt Seen aus flüssigem Methan, seine Atmosphäre besteht größtenteils aus Stickstoff. Auf dem Titan regnet es Methan, und es gibt gefrorene Flussbetten aus Methan. Er zeigt dunkle Merkmale, bei denen es sich um gefrorene Methan-Ethan-Regionen handelt, die weißen Bereiche sind gefrorenes Wasser – schlichtes Eis. Neptuns größter Eismond Triton besitzt ebenfalls spektakuläre Geysire (vielleicht stoßen sie Stickstoff aus). Triton umkreist den Neptun in entgegengesetzter Richtung – möglicherweise ist er ein eingefangenes Objekt aus dem Kuipergürtel. Kommen wir zu den Asteroiden: Ceres, der größte Asteroid, ist kleiner als Pluto. Vesta ist der nächstgrößte, und er ist sehr reich an Eisen; vielleicht wurde ein Teil von ihm bei einer Kollision mit einem anderen Asteroiden vor langer Zeit abgesprengt. Asteroiden sind Gesteinskörper. Die Objekte im Kuipergürtel sind Eiskörper.

Im Rose Center zählen wir keine Planeten. Wir sagen, es gibt bestimmte Familien im Sonnensystem, und eine dieser Familien – die terrestrischen Planeten (Merkur, Venus,

Erde, Mars) – weist gemeinsame Eigenschaften auf, die ihre Familienmitglieder von anderen Objekten unterscheiden. Der Asteroidengürtel bildet eine weitere Familie – kleine Gesteinskörper. Die Gasriesen (Jupiter, Saturn, Uranus, Neptun) sind ebenfalls eine Familie für sich. Die Objekte im Kuipergürtel, einschließlich Pluto, der am inneren Rand dieses Gürtels seine Bahn zieht, weisen alle ähnliche Eigenschaften auf. Sie bilden somit eine weitere Familie. Noch viel weiter draußen gibt es eine große Wolke mit Eiskörpern, die die Sonne vollständig umkreisen, die Oortsche Wolke, auch als zirkumsolare Kometenwolke bezeichnet. Benannt ist sie nach Jan Oort, dem Astrophysiker, der als Erster die Hypothese über die Existenz dieses Kometen-Reservoirs aufstellte. Wir haben damit die Objekte, die die Sonne umkreisen, in fünf Familien unterteilt. Das ist unser pädagogisches Paradigma. Was zählt, ist die Frage nach den gemeinsamen Eigenschaften der jeweiligen Objekte. Schon ein Drittklässler kann lernen, dass die Gasriesen groß sind und eine geringe Dichte haben – eine gute Ausrede, um das Wort »Dichte« zu lernen. Sie sind groß und voller Gas, wie Wasserbälle. Tatsächlich hat der Saturn eine geringere Dichte als Wasser. Wenn Sie ein Stück vom Saturn nehmen und in ihre Badewanne legen, dann schwimmt es an der Oberfläche. Das ist doch cool. Ich wusste das schon als Kind, deshalb wollte ich statt einer Gummiente immer einen Gummisaturn haben, mit dem ich in der Badewanne spielen konnte.

Pluto einfach aus Gutgläubigkeit einen Planeten zu nennen, verkennt seine wichtigsten Eigenschaften.

Im Jahr 2005 entdeckten Mike Brown und sein Team vom California Institute of Technology ein Kuipergürtel-Objekt namens Eris, das nahezu den gleichen Durchmesser wie Pluto hatte. Ursprünglich hielt man Eris sogar für etwas größer als Pluto, aber verbesserte Messungen im Jahr 2015 haben inzwischen gezeigt, dass Eris (Durchmesser 2326 ± 12 km) etwas kleiner ist als Pluto (Durchmesser 2374 ± 8 km). Eris hatte einen kleinen Mond, Dysnomia, anhand dessen Orbitalparametern Brown in der Lage war, die Masse von Eris exakt zu schätzen: Er ist um 27 Prozent massereicher als Pluto. Diese Erkenntnis warf den Kritikern den Fehdehandschuh hin: Wenn denn Pluto ein Planet war, dann musste Eris auf jeden Fall auch einer sein. Entweder musste man Pluto degradieren oder Eris befördern. Die International Astronomical Union (IAU), die offizielle für die Entscheidung über derartige Definitionen zuständige Stelle, hielt bei einem Meeting im Jahr 2006 eine Sondersitzung ab, um über Plutos planetaren Status zu entscheiden, ebenso über denjenigen von Eris und anderen Objekten im Kuipergürtel. Das Ergebnis? Pluto wurde von seinem ehemaligen Planetenstatus zum Zwergplaneten herabgestuft. Die Geschichte machte weltweit Schlagzeilen. Die Autoren von Lehrbüchern nahmen die Sache zur Kenntnis. Um ein Planet zu sein, musste ein Objekt: 1) die Sonne umkreisen, 2) massereich genug sein, damit die Schwerkraft ihm eine kugelförmige oder zumindest nahezu kugelförmige Gestalt geben konnte, und 3) die unmittelbare Nachbarschaft seiner Bahn um die Sonne von anderen Rückständen bereinigt haben. Pluto scheiterte am dritten Kriterium, ebenso wie Ceres – beide teilen sich ihre Orbitalzonen mit zahllosen anderen Objekten, deren Gesamtmasse ihrer eigenen vergleichbar ist. Die meisten Astrophysiker, so auch Mike Brown, interpretieren dieses »Bereinigen der Nachbarschaft« dahin gehend, dass der Planet heute das dominierende Masseelement im Bereich seines Orbits sein muss. Der Jupiter wird schließlich von über 5000 trojanischen Asteroiden begleitet, die um schwerkraftmäßig stabile Punkte herum entweder 60° vor oder 60° hinter Jupiter in dessen Orbit zusammengeballt sind, aber diese Asteroiden haben insgesamt nur einen winzigen Bruchteil der Masse, die Jupiter selbst aufweist. Die IAU degradierte Jupiter folgerichtig nicht. Die IAU bestätigte, dass es acht Planeten im Sonnensystem gibt: Merkur, Venus, Erde, Mars, Jupiter, Saturn, Uranus und Neptun. Als kleine Merkhilfe: **M**ein **V**ater **e**rklärt **mir** **j**eden **S**onntag **u**nseren **N**achthimmel. Da sie die ersten beiden Kriterien erfüllten, bekamen Pluto, Eris und Ceres die neue Klassifizierung als »Zwergplanet« verpasst. Das Rose Center war mit seiner Herabstufung Plutos seiner Zeit somit sogar um sechs Jahre voraus.

Ich habe ein Buch geschrieben: *The Pluto Files: The Rise and Fall of America's Favorite Planet* (2009), eine Chronik meiner Erfahrungen. Mike Brown hat über seine Entdeckung von Eris ein Buch geschrieben, *How I killed Pluto and Why It Had It Coming* (2010). Wir haben inzwischen zusätzlich zu Charon noch vier weitere, kleinere Monde entdeckt, die Pluto umkreisen. Eris hat einen Mond, und das Kuipergürtel-Objekt Haumea (das inzwischen von der IAU ebenfalls als Zwergplanet geführt wird) hat zwei Monde. Im Jahr 2006 schickte die NASA das Raumschiff *New Horizons* auf die Reise in Richtung Pluto. Seinen Strom erhält es passenderweise aus dem mitgeführten, radioaktiven Plutonium. An Bord befand sich auch ein wenig Asche von Clyde Tombaugh (er starb im Jahr 1997). Das Raumschiff passierte Pluto und Charon im Jahr 2015 und machte wunderschöne Fotos von beiden. Eine herzförmige Eisregion, die auf dem Pluto zu erkennen war, bekam vorläufig den Namen »Tombaugh Regio«. Es ist also alles in bester Ordnung mit Pluto. Das Sonnensystem (s. Abbildung 1) ist glücklich und zufrieden: Sonne, terrestrische Planeten, Asteroiden, Gasriesen-Planeten, Kuipergürtel-Objekte und Kometen.

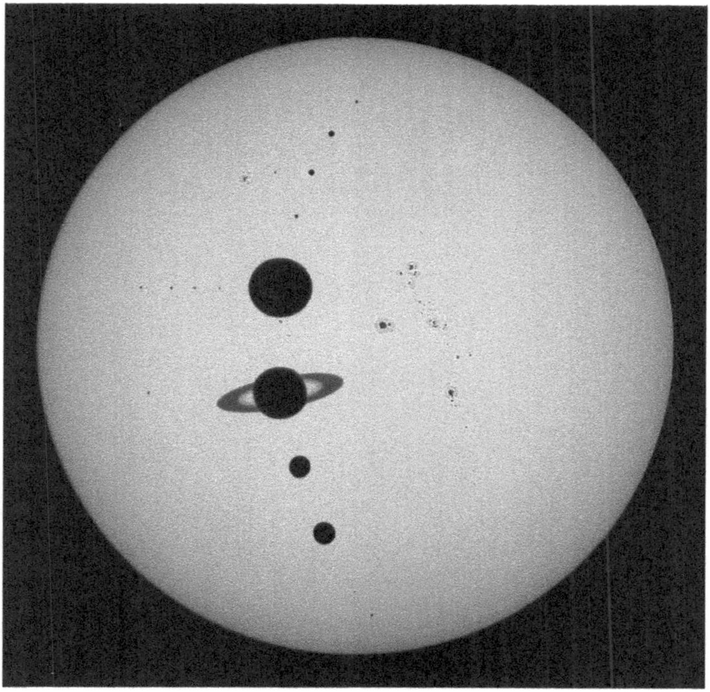

Abbildung 1: Das Sonnensystem. Planeten, Pluto und Eris sowie einige Planetenmonde sind so dargestellt, als würden sie vor der Sonne ihre Bahnen ziehen. Von oben nach unten: Merkur, Venus, Erde, Mars, Jupiter, Saturn, Uranus, Neptun, Pluto, Eris.

Quelle: J. Richard Gott, Robert J. Vanderbei, »Sizing Up the Universe«, National Geographic, 2011.

KAPITEL 3

LEBEN UND TOD DER STERNE

Michael A. Strauss und Neil deGrasse Tyson

Gehen Sie in einer mondlosen und wolkenlosen Nacht ins Freie, an einem Ort möglichst weit entfernt von den Lichtern der Stadt, und Sie werden einen Himmel voller Sterne sehen. Am gesamten Himmel gibt es ungefähr 6000 Sterne, die so hell sind, dass Sie sie mit bloßem Auge ausmachen können, und die Hälfte davon liegt zu jedem Zeitpunkt über dem Horizont. Einer der großen Triumphe der Astrophysik im 20. Jahrhundert war es, die Sterne (einschließlich unserer Sonne) und ihre sämtlichen Eigenschaften von Grund auf zu verstehen. Ein Stern ist ein Gasball, der von seiner eigenen Schwerkraft zusammengehalten und von seinem inneren Druck aufrechterhalten wird. Wir klassifizieren die Sterne nach ihrer chemischen Zusammensetzung (hauptsächlich Wasserstoff und Helium, wie wir noch sehen werden), aber auch nach ihrer Masse, ihrer Oberflächentemperatur, der Größe, der Leuchtkraft (das heißt der vom Stern pro Sekunde emittierten Energie) und dem Alter. Wie wir sehen werden, hängen diese diversen stellaren Eigenschaften eng miteinander zusammen und liefern uns grundlegende Erkenntnisse über den Lebenszyklus der Sterne, von der Geburt bis zum Tod.

Um das Jahr 1910 beschlossen zwei unabhängig voneinander arbeitende Astronomen, Ejnar Hertzsprung in Dänemark und Henry Norris Russell in den USA, alle Sterne mit verlässlich gemessenen Eigenschaften zusammenzufassen und in einem Diagramm anhand der jeweiligen Leuchtkraft und Farbe einzuordnen (s. Abbildung 2). Wie nicht anders zu erwarten, heißt das Diagramm *Hertzsprung-Russell-Diagramm* (oder kurz *HR-Diagramm*). Die senkrechte Achse des Hertzsprung-Russell-Diagramms stellt die Leuchtkraft dar, die waagrechte Achse die Farbe oder Temperatur, wobei die heißesten (blauen) Sterne links stehen und die am wenigsten heißen (roten) Sterne rechts. Im Allgemeinen steht die Farbe eines glühenden Gasballs in direktem Zusammenhang mit seiner Temperatur, deshalb stehen die Farben der Sterne stellvertretend für ihre Oberflächentemperatur.

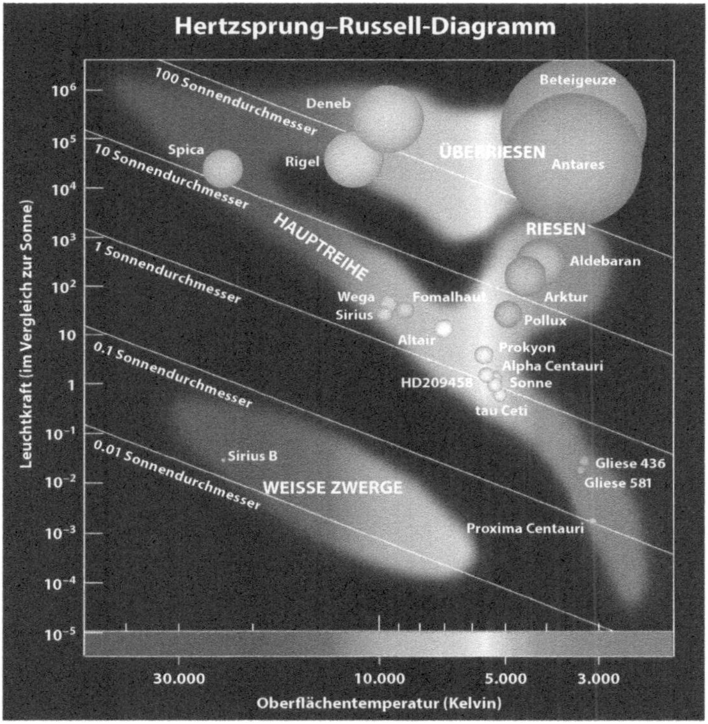

Abbildung 2: Das Hertzsprung-Russell-Diagramm der Sterne. Den darin abgebildeten Sternen wird entsprechend ihrer Leuchtkraft und Oberflächentemperatur ein Punkt im Diagramm zugeordnet. Beachten Sie, dass gemäß Konvention die Oberflächentemperatur von links nach rechts abnimmt. Die schattierten Flächen zeigen die Bereiche an, in denen die Sterne üblicherweise zu finden sind. Sterne, die entlang einer der beschrifteten Diagonalen liegen, haben jeweils den gleichen Radius.

Quelle: J. Richard Gott, Robert J. Vanderbei, »Sizing Up the Universe«, *National Geographic*, 2011.

Henry Norris Russell, ein Professor in Princeton, war nach Einschätzung vieler der erste Astrophysiker Amerikas. Als Theoretiker nahm er die Analyse des Universums als Erster mit der vollen Breitseite der spektroskopischen Physik in Angriff. Er konnte dabei auf Daten von mehr als Hunderten von Sternen zurückgreifen. Gesammelt hatten diese Daten größtenteils Frauen am Harvard College Observatory, die taten, was die meisten Männer als untergeordnete Tätigkeit ansahen – die Klassifizierung der Spektren all dieser Sterne. Das war vor langer Zeit, als Menschen, die Berechnungen erledigten, noch »Computers« (also »Rechner«) genannt wurden. Ja, die Menschen waren tatsächlich Computer. Die Frauen arbeiten alle gemeinsam in einem einzigen großen Raum. Damals, an der Schwelle zum 20. Jahrhundert, waren Frauen noch keine Professoren und hatten keinen Zugang zu den Jobs, auf die die Männer aus waren. Aber in diesem »Computerraum« saßen kluge, motivierte Frauen, die durch ihre Analyse dieser Spektren grundlegende Eigenschaften des Universums herausfanden. Henrietta Leavitt war eine davon. Cecilia Payne-Gaposchkin arbeitete ebenfalls ein Jahrzehnt lang in Harvard als Assistentin von Harlow Shapley an Spektren, bevor sie schließlich selbst zur Professorin ernannt wurde. Sie entdeckte, dass die Sonne größtenteils aus Wasserstoff besteht. Die Astronomie verdankt dieser besonderen Geschichte ein faszinierendes Vermächtnis früher Beiträge von Frauen. Dava Sobel beschrieb diese Leistungen detailliert in ihrem im Jahr 2016 erschienenen Buch *Das Glas-Universum: Wie die Frauen die Sterne entdeckten* (Originaltitel: *The Glass Universe: How the Ladies of the Harvard Observatory Took the Measure of the Stars*.

Ausgehend von Katalogen mit Daten zu Leuchtkraft und Temperatur der Sterne begannen Hertzsprung und Russell, ihr Diagramm zu bevölkern. Sie entdeckten, dass die Sterne im Diagramm keineswegs beliebig verteilt waren. In manchen Regionen gab es überhaupt keine Sterne – die leeren Bereiche im Diagramm – aber diagonal, quer durch die Mitte, zog sich eine auffällige Reihe von Sternen. Sie bezeichneten diesen Bereich als *Hauptreihe* und hielten sich damit an die Gepflogenheiten unseres Fachgebiets, den Dingen einen möglichst einfachen Namen zu verpassen.

Für das richtige Verständnis des HR-Diagramms gilt es zu erkennen, dass die Leuchtkraft eines Sterns sowohl von der Größe als auch von der Temperatur abhängt. Es wird Sie kaum überraschen, dass ein Stern desto mehr Energie pro Sekunde abgibt, je heißer er ist. In ähnlicher Weise gilt: Je größer der Stern, desto stärker ist seine Leuchtkraft. Das bedeutet, dass man auf der Grundlage der gemessenen Leuchtkraft und Temperatur eines Sterns seine Größe berechnen kann. Anders ausgedrückt: Leuchtkraft, Temperatur und Größe eines Sterns sind voneinander abhängig und bilden eine saubere Gleichung, mit der sich ein Wert auf der Basis der beiden anderen Werte berechnen lässt. 90 Prozent der im HR-Diagramm zusammengefassten Sterne liegen auf der Hauptreihe. Es gibt allerdings auch eine Handvoll Exemplare in der rechten oberen Ecke. Diese Sterne sind von relativ niedriger Temperatur – das heißt, sie sind größtenteils rot. Außerdem sind sie sehr leuchtstark – das heißt, sie sind riesengroß. Deshalb heißen sie *Rote Riesen*. Noch etwas weiter oben rechts finden wir die *Roten Überriesen*. Wir können diagonale Linien für konstante Größen in das Diagramm einzeichnen: 0,01 Sonnendurchmesser, 0,1 Sonnendurchmesser, 1 Sonnendurchmesser, 10 Sonnendurchmesser und 100 Sonnendurchmesser. Damit wissen wir, wie groß diese Sterne sind. Unsere Sonne liegt logischerweise auf der 1-Sonnendurchmesser-Linie. Die Roten Überriesen sind mehr als 100 Sonnendurchmesser groß. Unterhalb der Hauptreihe sehen wir eine weitere Gruppe von Sternen. Diese sind heiß, aber nicht übermäßig heiß; deshalb sind sie weiß. Sie haben eine extrem geringe Leuchtkraft, deshalb müssen sie klein sein. Wir bezeichnen sie als *Weiße Zwerge*.

Als das HR-Diagramm veröffentlicht wurde und die Sterne grafisch in verschiedene Zonen einordnete, wussten wir nicht, warum sie auf diese Weise zu Gruppen zusammengefasst waren. Vielleicht wird ein Stern mit hoher Temperatur und hoher Leuchtkraft geboren und rutscht allmählich nach unten entlang der Hauptreihe (wobei er gleichzeitig abkühlt und an Leuchtkraft verliert), wenn er älter wird – eine vernünftige Vermutung, aber diese Art von

Überlegung führte zu einer Schätzung des Alters der Sonne von etwa einer Billion Jahren, viel älter als die Erde also. Jahrzehntelang stellten wir immer wieder begründete Vermutungen als Antwort auf die Frage in den Raum – bis wir endlich erkannten, was wirklich Sache war. Diese Einsicht erwuchs aus der Betrachtung von *Sternhaufen* am Himmel. Der springende Punkt ist, dass alle Sterne in einem solchen Sternhaufen (oder *Cluster*) ungefähr zur gleichen Zeit entstanden sind. Manche Sternhaufen haben ein paar hundert Sterne, andere mehrere tausend, und wieder andere weisen Hunderttausende von Sternen auf. Bei einer relativ geringen Anzahl Sterne (wie etwa bei den Plejaden) sprechen wir von einem *offenen Sternhaufen;* hat der Sternhaufen sehr viele Sterne, ist er meist in etwa sphärisch oder kugelförmig, deshalb heißt er bei den Astronomen *Kugelhaufen.*

Wenn Sie eines dieser Objekte am Himmel erspähen, ist offensichtlich, welche Art von Sternenhaufen Sie vor Augen haben. Ein Mittelding gibt es nicht. Die Sterne in einem bestimmten Haufen haben den gleichen Geburtstag – sie bildeten sich alle zur gleichen Zeit aus einer Gaswolke.

Die Plejaden sind ein junger offener Sternhaufen – eine kosmische Kindergartengruppe sozusagen. Junge, helle, blaue Sterne dominieren das Bild. Das Hertzsprung-Russell-Diagramm für diesen Haufen zeigt eine komplette Hauptreihe ohne Rote Riesen. Die blauen Sterne oben in der Hauptreihe sind so hell, dass sie das Bild beherrschen, allerdings sind rote Sterne weiter unten in der Hauptreihe ebenfalls nachgewiesen. Die Plejaden zeigen, wie ein Sternen-Ensemble kurz nach seiner Geburt aussieht, und Astrophysiker schätzen diesen Haufen auf ein Alter von lediglich mehreren zehn Millionen Jahren. Daran können wir sehen, dass manche Sterne mit hoher Leuchtkraft und hoher Temperatur geboren werden, andere Sterne dagegen mit geringer Leuchtkraft und vergleichsweise niedriger Temperatur – sie entstehen eben in dieser Weise –, und dies entlang der gesamten Hauptreihe.

Kugelhaufen zeigen eine Hauptreihe abzüglich des oberen Endes, dafür zuzüglich einiger Roter Riesen, die nicht Teil der Hauptreihe sind. Hier sind wir sozusagen Zeugen eines kosmischen Klassentreffens zum 50-jährigen Abi-Jubiläum – alle Sterne sind alt. Die Roten Riesen sind die hellsten und beherrschen das Bild. Die Hauptreihe des Haufens enthält noch immer Objekte mit geringer Leuchtkraft und niedriger Temperatur, aber wo sind die hellen, blauen Objekte abgeblieben? Sind sie von der Bühne abgetreten? Was ist passiert? Sie können vermutlich erraten, wohin sie »gegangen« sind: Sie sind zu Roten Riesen geworden. Der obere Teil der Hauptreihe schälte sich allmählich ab, und die leuchtstarken blauen Sterne wurden zu Roten Riesen.

Wir fanden auch Fälle mittleren Alters: Dort hatte sich nur ein kleiner Teil der oberen Hauptreihe verabschiedet, und es waren nur ein paar rote Riesensterne aufgetaucht.

Wir mussten uns einiges einfallen lassen, um die Massen unterschiedlicher Arten von Sternen herauszufinden. Wir maßen Veränderungen in den Wellenlängen der Spektrallinien binärer Sterne, die einander umkreisten, um auf diese Weise ihre Orbitalgeschwindigkeiten zu ermitteln – die berühmten Dopplerverschiebungen –, und wandten dann Newtons Gravitationsgesetz an. Bei dieser Übung entdeckten wir, dass die Hauptreihe auch eine Massenreihe ist, die von den massereichen, leuchtstarken blauen Sternen links oben bis zu massearmen, leuchtschwächeren roten Sternen rechts unten führt. Massearme Sterne werden mit geringer Leuchtkraft und niedriger Temperatur geboren, massereiche Sterne dagegen mit hoher Leuchtkraft und hoher Temperatur.

Massereiche blaue Sterne in der oberen Hauptreihe haben eine Lebenserwartung von vielleicht 10 Millionen Jahren. Das ist, bei Licht betrachtet, nicht sehr viel Zeit. Ungefähr in der Mitte der Hauptreihe lebt ein Stern wie die Sonne 10 Milliarden Jahre lang, also 1000-mal länger. Wenn wir der Hauptreihe bis ganz nach rechts unten folgen, treffen wir die roten Zwergsterne mit geringer Leuchtkraft an, die Billionen Jahre leben werden. 90 Prozent aller Sterne liegen einfach deshalb in der Hauptreihe, weil Sterne 90 Prozent ihres Daseins mit einer Leuchtkraft und Temperatur zubringen, die sie genau dort platzieren. Betrachten Sie es so: Sie putzen jeden Tag im Badezimmer die Zähne. Wenn wir jedoch zu zufällig gewählten Zeiten über den Tag verteilt Schnappschüsse von Ihnen machen würden, werden wir Sie sehr wahrscheinlich nicht beim Zähneputzen ertappen, denn obwohl Sie jeden Tag (hoffentlich) eine gewisse Zeit für das Zähneputzen aufwenden, ist es doch nur sehr wenig Zeit. Einige Regionen des HR-Diagramms sind dünn besiedelt, weil Sterne gerade »auf der Durchreise« in diesen Regionen unterwegs sind, während ihre Leuchtkraft und/oder Temperatur sich verändern, aber dies vollzieht sich schnell, sie verbringen nicht viel Zeit dort. Man erwischt auch Sterne nicht so ohne Weiteres dabei, wie sie sich die Zähne putzen.

Was geschieht im Zentrum von Sternen? Wenn Sie die Temperatur eines Gases erhöhen, bewegen sich die einzelnen Atome oder Atomkerne, die das Gas bilden, immer schneller. Etwa 90 Prozent der Atomkerne im Universum sind Wasserstoff. Den gleichen Prozentsatz finden wir auch in den Sternen. Nehmen Sie eine Kugel aus Gas, die zu 90 Prozent aus Wasserstoff besteht – das ist noch lange kein Stern. Lassen Sie diese Kugel unter ihrer eigenen Schwerkraft kollabieren und einen Stern bilden. Wie zu erwarten, wird das Zentrum dabei zum heißesten Teil. Die Zentren der Sterne sind heiß genug, um einen nuklearen Brennofen zu erzeugen, der dafür sorgt, dass das Zentrum heiß bleibt. Außen an der Oberfläche ist es weitaus weniger heiß. Die Zentren der Sterne sind derart heiß, dass alle Elektronen gänzlich von ihren Atomen losgelöst und die reinen Atomkerne bloßgelegt werden.

Der Kern des Wasserstoffatoms hat ein Proton. Wenn sich diesem ein anderes Proton nähert, stoßen sich die zwei Protonen auf natürliche Weise ab. Protonen sind positiv geladen, *gleiche* Ladungen stoßen sich ab, und je näher sie sich kommen, desto stärker wird die Abstoßung. Aber nun erhöhen wir die Temperatur. Höhere Temperaturen bedeuten auch höhere durchschnittliche kinetische Energie und eine höhere Geschwindigkeit der Protonen. Höhere Geschwindigkeiten bedeuten, dass sich die Protonen stärker annähern können, bevor die elektrischen Kräfte sie nötigen, sich abzuwenden und auf Abstand zu gehen. Wie sich zeigt, gibt es eine Art magischer Temperatur – circa 10 Millionen K –, bei der diese Protonen in der Lage sind, sich so weit anzunähern, dass eine völlig neue, auf kurze Distanz wirkende *starke Kernkraft* die Regie übernimmt, zu einer Anziehung der beiden Protonen führt und diese aneinanderbindet. Diese Kraft ist die Grundlage der *thermonuklearen Fusion.*

Zufällig ist die starke Kernkraft auch die Kraft, die noch massereichere Nuklei zusammenhält. Der Heliumkern hat zwei Protonen und zwei (nicht elektrisch geladene) Neutronen. Die beiden Protonen stoßen einander ab, denn beide sind ja positiv geladen, und es ist die starke Kernkraft, die sie im Atomkern zusammenhält. Das trifft auf alle Nuklei zu, so auch auf den Kern des Kohlenstoffatoms mit seinen sechs

Protonen und sechs Neutronen und den Sauerstoffkern mit acht Protonen und acht Neutronen.

Wenn sich zwei Protonen bei 10 Millionen K begegnen, lehnen Sie sich am besten einfach zurück und genießen Sie das Feuerwerk. Am Ende tun sich ein Proton und ein Neutron zusammen – eines der Protonen hat sich spontan in ein Neutron und ein positiv geladenes Elektron verwandelt, ein sogenanntes *Positron*. Und dieses Positron wird augenblicklich ausgeworfen. Das ist Antimaterie – ein exotischer Stoff. Positronen wiegen exakt dasselbe wie Elektronen, aber wenn sich ein Positron und ein Elektron begegnen, löschen sie sich gegenseitig aus und verwandeln dabei ihre gesamte Masse in Energie, die von zwei Paketen Licht davongetragen wird, den sogenannten Photonen. Diese Verwandlung folgt exakt Albert Einsteins Gleichung, $E = mc2$, die die Äquivalenz von Masse und Energie ausdrückt. In dieser Gleichung steht c für die Lichtgeschwindigkeit, 300 000 Kilometer pro Sekunde, eine extrem hohe Geschwindigkeit zum Quadrat genommen, was bedeutet, dass eine sehr geringe Masse in eine gewaltige Menge Energie verwandelt werden kann – dies wiederum führt uns die Atombombe auf dramatische Weise vor Augen. Ebenfalls ausgeworfen wird bei der Reaktion ein *Neutrino*, ein neutrales (elektrisch nicht geladenes) Partikel, das so schwach mit anderen Stoffen im Universum reagiert, dass es aus der Sonne sofort entweicht, größtenteils unberührt von materiellen Hindernissen. Beachten Sie, dass die elektrische Ladung bei dieser Reaktion erhalten bleibt. Wir haben am Anfang zwei positive Ladungen (jedes Proton hat eine) und am Ende auch (auf dem erhalten gebliebenen Proton und auf dem Positron). Diese Reaktion erzeugt Energie, da die Gesamtmasse der ursprünglichen Teilchen größer ist als die Gesamtmasse der Teilchen am Ende. Die verlorene Masse wurde gemäß $E = mc2$ in Energie umgewandelt. Was ist ein Kern mit einem Proton und einem Neutron? Er enthält nur ein Proton, es ist also immer noch Wasserstoff, aber nun eine schwerere Version von Wasserstoff. Wir nennen das meist »schweren Wasserstoff«, das Ding hat aber auch einen eigenen Namen: *Deuterium.*

Jetzt habe ich also eine Portion Deuterium. Deuterium plus ein weiteres Proton ergibt einen ppn-Kern (zwei Protonen, ein Neutron) plus zusätzlicher Energie. Was habe ich soeben gemacht? Ich habe jetzt zwei Protonen in meinem Atomkern, und zwei Protonen bedeutet, das Ding heißt jetzt Helium. Der Name *Helium* leitet sich von Helios ab, dem griechischen Sonnengott. Ja, wir haben ein Element, das nach der Sonne benannt ist. Das liegt daran, dass Helium durch Spektralanalyse erstmals in der Sonne nachgewiesen wurde, bevor wir es auch auf der Erde entdeckten. Dieser ppn-Kern ist leichter als die Normalversion von Helium und nennt sich *Helium-3,* weil er drei Kernpartikel hat (zwei Protonen und ein Neutron). Jetzt lassen wir zwei dieser Helium-3-Kerne kollidieren: Aus ppn + ppn erhalten wir ppnn + p + p + noch mehr Energie. Das dabei entstehende ppnn ist ausgewachsenes, waschechtes *Helium-4* (das normale Helium, mit dem Heliumballons gefüllt werden).

All dies passiert bei 10 bis 15 Millionen K im Inneren der Sonne, die in jeder Sekunde 4 Millionen Tonnen Materie in Energie verwandelt. Später begriffen wir, dass alle Sterne in der Hauptreihe in ihrem Kern Wasserstoff in Helium verwandeln. Irgendwann geht ihnen der Wasserstoff aus, und dann geht die Post ab: Die Hülle des Sterns dehnt sich aus, und er wird zu einem Roten Riesen. In rund fünf Milliarden Jahren wird unsere Sonne zu einem Roten Riesen werden, ihre Gashülle abwerfen und sich letztendlich in einen Weißen Zwerg verwandeln. Die Galaxie bietet zahlreiche Beispiele für dieses Phänomen. In einem seltenen Fall astronomischer Fehlbenennung bezeichnen wir diese unscharfen Überbleibsel als »planetarische Nebel«. Massereichere Sterne werden zu Roten Riesen und Roten Überriesen. Wenn die massereichsten von ihnen ihr Leben aushauchen, explodieren sie als Supernovae, wobei ihre Zentren kollabieren und Neutronensterne oder Schwarze Löcher bilden.

Kommen wir nun wieder zurück zum Hertzsprung-Russell-Diagramm. Wir haben die Hauptreihe, Rote Riesen und Weiße Zwerge. Die Temperatur nimmt von links nach rechts ab, die Leuchtkraft von unten nach oben zu. Alle Sterne erhalten eine Spektralklassifizierung, einen scheinbar beliebigen Buchstaben, der in Wirklichkeit ein Relikt aus einem früheren Klassifizierungsschema ist, in dem diese Buchstaben alphabetisch geordnet waren: O B A F G K M L T Y. Jeder Buchstabe bezeichnet, in der Reihenfolge abnehmender Oberflächentemperatur, eine Sternenklasse. Unsere Sonne gehört zu Spektralkasse G. Die einzelnen Klassen weisen die folgenden ungefähren Oberflächentemperaturen (auf der Kelvin-Skala, die, Sie erinnern sich, Grad Celsius plus 273 entspricht) und Farben auf:

O (> 33 000 K, blau)
B (10 000–33 000 K, blau-weiß)
A (7500–10 000 K, weiß bis blau-weiß)
F (6000–7500 K, weiß)
G (5200–6000 K, weiß)
K (3700–5200 K, orange)
M (2000–3700 K, rot)

Alle diese Klassen sind in Abbildung 2 zu sehen (s. Seite 43). Noch weiter rechts, jenseits des Darstellungsbereichs unseres Diagramms, liegen die übrigen Spektralklassen: L (1300–2000 K, rot), T (700–1300 K, hellrot) und Y (< 700 K, dunkelrot).

Die masseärmsten Sterne in der Hauptreihe (diejenigen der Klasse M) haben weniger als 10 Prozent der Masse unserer Sonne. Was hat es mit den L-, T- und Y-Sternen auf sich, die noch weniger Masse besitzen? Bei geringerer Schwerkraft werden sie auch geringere Temperaturen und eine geringere Dichte in ihrem Kern aufweisen. Was geschieht mit einer gasförmigen Masse, die von der Schwerkraft zusammengehalten wird, die aber in ihrem Zentrum schlicht nicht heiß genug ist, damit eine Kernfusion von Wasserstoffatomen stattfinden kann? Auch für diese Sterne haben wir eine Bezeichnung: *Brauner Zwerg*. Genau genommen sind sie nicht braun, sondern dunkelrot, und sie leuchten hauptsächlich im Infrarotbereich. Braune Zwerge im Bereich von etwa 1/80 bis 1/12 der Masse unserer Sonne verschmelzen schwächlich die in ihren Kernen verbliebenen Reste von Deuterium. Da in ihren Zentren Kernfusion stattfindet, nennen wir sie immer noch Sterne. Bei Objekten mit noch geringerer Masse – weniger als das 13-Fache der Masse des Jupiters (oder circa 1,3 Prozent der Masse der Sonne) – findet keinerlei Kernfusion im Inneren mehr statt. Die Planeten Jupiter und Saturn sind genau solche Objekte.

Wenn Sie sich die Temperaturskala unten im Diagramm anschauen, sehen Sie, wo diese Spektralklassen liegen. Spica gehört zu Klasse B, Sirius zu Klasse A und Procyon zu Klasse F. Und Gliese 581, ein Stern, der nachweislich von Exoplaneten umkreist wird, gehört zu Klasse M. Die Sonne (Klasse G) hat per definitionem natürlich exakt eine Sonnenleuchtkraft, was auch anhand der vertikalen Leuchtkraftskala veranschaulicht wird. Es handelt sich um eine logarithmische Skala, was es uns ermöglicht, die riesige Bandbreite beobachteter Leuchtkraft abzubilden: Jeder Einheitenstrich entspricht von unten nach oben einer Zunahme der Leuchtkraft um den Faktor 10.

Die Bandbreite der Leuchtkraft allein bei den Sternen in der Hauptreihe des Universums ist wirklich erstaunlich. Am oberen Rand in Abbildung 2 auf Seite 43 sehen wir Sterne, deren Leuchtkraft eine Million Mal höher ist als die der Sonne. Ganz unten im Diagramm stehen Sterne mit 1/100 000 der Sonnenleuchtkraft. Irgendwann haben wir herausgefunden, dass Sterne am oberen Ende der Hauptreihe nur etwa 60-mal massereicher sind als die Sonne, nicht etwa eine Million Mal. Am unteren Ende der Skala haben sie dafür nur etwa ein Zehntel der Sonnenmasse, leuchten jedoch, wie bereits beschrieben, um ein Vielfaches schwächer als die Sonne. Was die Masse der Sterne angeht, ist die Bandbreite demnach ebenfalls groß, aber nicht annähernd so groß wie bei der Leuchtkraft.

Da die Leuchtkraft so stark von der Masse abhängt, verschmelzen massereiche Sterne ihren endlichen Treibstoffvorrat an Wasserstoff sehr schnell. Je massereicher ein Stern ist, desto kürzer ist seine Lebensdauer innerhalb der Hauptreihe, obwohl er einen größeren Treibstofftank hat. Massereiche Sterne sind echte Spritschlucker.

Ein Stern mit der 40-fachen Masse der Sonne hat nur eine Lebensdauer von einer Million Jahren – geradezu mickrig, verglichen mit einer Milliarde Jahre. Am anderen Ende der Skala stellen wir uns einen Stern vor, der nur 1/10 der Masse der Sonne hat. Er wird drei Billionen Jahre lang leben, viel länger also, als das Universum gegenwärtig alt ist – der Stern ist folglich ausgesprochen sparsam in seinem Spritverbrauch. Deshalb ist jeder massearme Stern, der im Universum jemals geboren wurde, auch heute noch mit der Fusion seines Wasserstoffs beschäftigt.

Wie bereits erwähnt, verbringt ein Stern 90 Prozent seines Daseins innerhalb der Hauptreihe und fusioniert dabei Wasserstoff zu Helium. Aber Sterne erledigen, jedenfalls in ihrer Phase als Roter Riese, noch andere Dinge in ihrem Zentrum. Sie machen weiter mit der Kernfusion, und zwar über Helium hinaus: Sie erzeugen immer schwerere Elemente wie Kohlenstoff und Sauerstoff und andere, immer weiter nach unten im Periodensystem bis hin zu Eisen mit seinen 26 Protonen und 30 Neutronen. In dieser letzten Lebensphase passiert eine ganze Menge, aber es passiert auch schnell und nimmt nur 10 Prozent eines Sternenlebens ein. Jedes Mal, wenn Elemente zusammenkommen, die leichter sind als Eisen, um ein schwereres zu erzeugen, geht bei der Reaktion Masse verloren, und die Fusionsreaktion setzt Energie gemäß der Formel $E = mc2$ frei. Wir sprechen von einer *exothermen* Reaktion, weil dabei Energie freigesetzt wird. Auch andere nukleare Prozesse setzen Energie frei. Nehmen wir als Beispiel Uran, mit 92 Protonen. Wenn wir dessen Kern in kleinere aufteilen – *Kernspaltung* –, ist auch dies eine exotherme Reaktion. In der Bombe von Hiroshima im Zweiten Weltkrieg wurde eine Uranspaltung ausgelöst, bei der Bombe von Nagasaki kam Plutonium zum Einsatz (94 Protonen). Jedes dieser Elemente hat einen riesigen Atomkern. Wenn Sie sie aufteilen und damit leichtere Elemente erzeugen, ist die Gesamtmasse am Ende der Reaktion etwas geringer als am Anfang. Diese verlorengegangene Masse wird zur Energie der Atombomben – auch A-Bomben genannt. Der Großteil des weltweiten nuklearen Waffenarsenals zu Beginn des Kalten Krieges waren A-Bomben. Heutzutage basieren die meisten Nuklearwaffen auf der Kernfusion von Wasserstoff zu Helium – diese Bomben heißen »H-Bomben« (H ist das chemische Zeichen für Wasserstoff). Nur um die relative Zerstörungskraft zu veranschaulichen: H-Bomben verwenden A-Bomben als Zünder. Allein das dürfte zeigen, welches Vernichtungspotenzial diese fusionsbasierten Waffen tatsächlich haben. Wir wissen, wie effizient sie Materie in Energie verwandeln, und genau das tun auch Sterne. Die Sonne ist eine einzige gigantische thermonukleare Fusionsbombe, nur dass ihre gewaltige Energie von der auf das Zentrum einwirkenden Masse im Zaum gehalten wird. Wir haben es bisher nicht geschafft, einen Fusionsreaktor zur Energiegewinnung zu bauen – und uns damit an diesem zehn Millionen Grad heißen Treibstoff zu bedienen. Alle Atomkraftwerke in den USA, in Frankreich und anderswo auf der Welt basieren auf kontrollierter Kernspaltung.

Es ist nicht möglich, durch das Aufspalten von Atomen für immer und ewig Energie zu bekommen. Auch das Fusionieren von Atomen wird unsere Energieversorgung nicht auf ewige Zeiten sichern.

Eisen besitzt mit seinen 26 Protonen und 30 Neutronen zufällig den Atomkern mit der größten Bindungsenergie im gesamten Periodensystem. Beim Fusionieren von Eisen vollzieht sich eine *endotherme* Reaktion – Energie wird absorbiert. Auch das Aufspalten von Eisen ist endotherm. Egal, in welche Richtung, es wird keine Kernenergie freigesetzt. Eisen ist das Ende der Fahnenstange.

Der Job der Sterne ist es, Energie zu erzeugen. Wenn ein Stern bei der Arbeit ist, seine Elemente immer weiter fusioniert, das Periodensystem abarbeitet und immer schwerere und schwerere Atomkerne produziert, und wenn er auch noch Energie dafür bekommt, dass er das tut, dann ist der Stern glücklich und zufrieden. Diese Energie sorgt dafür, dass das Zentrum des Sterns heiß bleibt, und der thermische Druck dieses heißen Gases sorgt dafür, dass der Stern nicht unter den Gravitationskräften seines eigenen Gewichts kollabiert. Nehmen wir in einem ersten Szenario an, wir haben einen Wasserstoff-Helium-Stern in der Hauptreihe, der 10-mal massereicher ist als die Sonne und der in seinem Kern Wasserstoff in Helium umwandelt. In einem zweiten Szenario besteht der Kern aus reinem Helium, in der Hülle um den Kern befindet sich aber noch immer ein Gemisch aus

Wasserstoff und Helium. Die Kernfusion im Zentrum endet, das Zentrum kann den Bestand des Sterns nicht mehr aufrechterhalten, was also tut der Stern? Der Kern kollabiert, Druck baut sich auf, die Temperatur steigt, der Kern wird noch heißer – heiß genug (100 Millionen K), um Helium zu Kohlenstoff zu verschmelzen. Außerhalb des Kerns gibt es noch immer Wasserstoff, der dann mit der Fusion einsetzt. Der Bereich, in dem dies geschieht, ist eine sphärische Schale. Der Stern ist jetzt ein Roter Riese. Kommen wir zu einem dritten Szenario: In der Mitte des Kohlenstoffkerns in der Mitte des Heliumkerns innerhalb der äußeren Hülle des Sterns haben wir nun also Kohlenstoff, der zu Sauerstoff fusioniert, während in besagter äußerer Hülle noch immer Wasserstoff und Helium vorhanden sind. Wir erzeugen eine Art Elemente-Zwiebel, Schicht auf Schicht, weil es in der Mitte immer am heißesten ist. Jede Reaktion setzt Energie frei. Am Ende erhalten wir Eisen im Kern, umhüllt von aufeinanderfolgenden Schichten immer leichterer Elemente.

Darin liegt die Zukunft der chemischen Anreicherung der Galaxie.

Für den Moment jedoch bleiben diese Elemente im Stern eingeschlossen, und irgendwie müssen sie da herauskommen. Woher wissen wir das? Nun, wir bestehen selbst aus diesen Elementen. Und wir wissen auch, dass Eisen das Ende der Fahnenstange ist. Wenn ein Stern versucht, Eisen zu verschmelzen, kostet es ihn Energie, und der Stern kollabiert noch schneller. Und der Job der Sterne ist es, wir erinnern uns, Energie zu erzeugen, nicht zu verbrauchen. Wenn der Kern immer schneller kollabiert, dann implodiert der Stern, und zurück bleibt nur ein winziger, extrem dichter *Neutronenstern* in der Mitte, während die äußeren Schichten in explosionsartiger Geschwindigkeit spontane Kernfusionen durchlaufen. Dieser plötzliche Energieausbruch sprengt die gesamte Hülle und den äußeren Kern des Sterns ab, mit der Folge einer gigantischen *Supernova*-Explosion. Diese leuchtet über mehrere Wochen Milliarden mal heller als die Sonne. Auf die Details von Supernova-Explosionen kommen wir in Kürze zu sprechen. Für den Moment halten wir fest, dass die Innereien dieses Sterns nun in die Galaxie freigesetzt werden – was wir als das *interstellare Medium* bezeichnen. Dabei werden Gaswolken mit schweren Elementen chemisch angereichert, sodass diese Wolken die Möglichkeit haben, Sternensysteme mit Planeten und sogar mit Menschen darauf bilden zu können.

Im Jahr 1054 unserer Zeitrechnung entdeckten chinesische Astronomen einen neuen »Gaststern« im Sternbild des Stiers, wie es bei uns heißt. Dieser Gaststern leuchtete ursprünglich so hell, dass er sogar während des Tages sichtbar war.

Heute sehen wir an jener Stelle die sich ausbreitenden Trümmer dieser Supernova-Explosion als Krebsnebel. In der Mitte des Krebsnebels befindet sich ein schnell rotierender Neutronenstern – er dreht sich 30-mal in der Sekunde. Wenn der Kern eines Sterns kollabiert, behält er seinen Drehimpuls und beginnt, sich immer schneller zu drehen, wie ein Eiskunstläufer, der bei der Pirouette die Arme an den Körper legt. Auch das Magnetfeld des Sterns wird dabei komprimiert und verstärkt. Das Magnetfeld an der Oberfläche des Neutronensterns im Krebsnebel ist circa eine Billion Mal stärker als das Magnetfeld auf der Erdoberfläche. Während der Neutronenstern rotiert, bewegen sich auch sein Nord- und sein Südpol – die übrigens nicht mit der Rotationsachse auf einer Linie liegen – im Kreis. Damit zwingen sie den Neutronenstern, Radiowellen in zwei entgegengesetzten Bündeln zu emittieren, ähnlich wie ein Leuchtturm. Jedes Mal, wenn eines dieser Strahlenbündel die Erde streift, sehen wir einen Radiowellenpuls. Damit haben wir einen *Radiopulsar*. Den ersten Radiopulsar überhaupt entdeckte die Doktorandin Jocelyn Bell von der Universität Cambridge im Jahr 1967.

Supernovae sind selten. Das letzte Mal, dass die Explosion einer Supernova in der Milchstraße beobachtet wurde, war vor etwa 400 Jahren, noch bevor Galileo erstmals ein Teleskop gen Himmel richtete. Deshalb waren die Astrophysiker 1987 besonders aufgeregt, als sie sahen, wie in der Großen Magellanschen Wolke, einer kleinen, nicht sehr weit entfernten Satellitengalaxie der Milchstraße, eine Supernova explodierte. Sie war so hell, dass sie mit bloßem Auge zu erkennen war, trotz ihrer Entfernung von 150 000 Lichtjahren ($1,5 \times 10^{18}$ km). Michael hatte das Glück, im Mai 1987 nach Chile reisen zu können, um mit den Teleskopen dort Beobachtungen für seine Doktorarbeit zu machen. Das war nur wenige Monate nach der Explosion. Genau wie die Chinesen anno 1054 konnte er diesen »neuen« Stern in der Großen Magellanschen Wolke damals mit eigenen Augen betrachten. Sowohl Michael als auch Neil nutzten Teleskope in Chile für ihre Forschungen im Zusammenhang mit ihrer Promotion, und sie begegneten sich das erste Mal im Observatorium Cerro Tololo in den chilenischen Anden.

Schwere Elemente bis hin zum Eisen entstehen durch Fusion in den Kernen sterbender Sterne. Zwar werden einige schwerere Elemente auch in Supernova-Explosionen erzeugt, der größte Teil der übrigen natürlich vorkommenden Elemente bis hin zum Uran kann durch die Kollision zweier Neutronensterne auf einer engen Umlaufbahn entstehen. Solche binäre Neutronensterne gibt es durchaus. 1974 entdeckten Russell Hulse und Joe Taylor zwei Neutronensterne, jeder davon hatte die 1,4-fache Masse der Sonne, und sie umkreisten einander einmal alle 7,75 Stunden. Der Durchmesser ihres Orbits ist etwas kleiner als der Durchmesser der Sonne. Die beiden Neutronensterne bewegen sich langsam spiralförmig aufeinander zu. Dies geschieht aufgrund der Energie, die durch das Emittieren von Gravitationswellen verlorengeht – ein

Phänomen, das Einstein in seiner Allgemeinen Relativitätstheorie vorhergesagt hatte. Für ihre Entdeckung erhielten Hulse und Taylor 1993 den Nobelpreis für Physik. Die beiden Neutronensterne werden ihre langsame Todesspirale fortsetzen, bis sie schließlich kollidieren und verschmelzen werden – das wird in ungefähr 300 Millionen Jahren der Fall sein. Am 17. August 2017 beobachteten Astrophysiker vom Laser Interferometer Gravitational-Wave Observatory (LIGO) Gravitationswellen von exakt einer solchen Kollision zweier Neutronensterne. In den Trümmern der Explosion gab es zuhauf Elemente, die schwerer waren als Eisen. Eine Kollision wie diese kann Gold in der Masse von zehn Erden hervorbringen. Überlegen Sie einmal: Die Atome im Gold unserer Eheringe wurden wahrscheinlich bei der Kollision zweier Neutronensterne vor ein paar Milliarden Jahren geschmiedet.

Es gibt noch massereichere Sterne als den, der den Krebsnebel entstehen ließ. Auch diese explodieren. Wenn jedoch einer von ihnen kollabiert, wird durch die Zunahme der Gravitation in der Nähe des Zentrums der Raum so stark verzerrt, dass er sich vom übrigen Universum abschottet und nicht einmal mehr Licht entweichen lässt. Sie haben es sicher schon erraten: Diese Objekte bezeichnen wir als Schwarze Löcher. Ein Schwarzes Loch ist ein Hotel, in dem sie einchecken, aber nie wieder auschecken können. Es bildet sich ein *Ereignishorizont*, der verbirgt, was im Innern vor sich geht. Ein Schwarzes Loch mit der zehnfachen Masse der Sonne hat einen Ereignishorizont innerhalb eines Radius von nur 30 Kilometern.

Am 14. September 2015 bemerkten Astrophysiker des LIGO Gravitationswellen, die aus der Kollision zweier Schwarzer Löcher hervorgegangen waren. Die beiden ursprünglichen Schwarzen Löcher hatten ein enges Doppelsystem gebildet und hatten sich spiralförmig aufeinander zubewegt. Dabei gaben sie aufgrund der Abstrahlung von Gravitationswellen Energie ab. Gemäß Einsteins Formel $E = mc2$ nahmen die Gravitationswellen Energie mit, die der Masse von drei Sonnen entsprach. Durch die Untersuchung dieser kleinen Gravitationswellen in der Geometrie der Raumzeit waren die Astrophysiker in der Lage, auf die Massen der an dem Geschehen beteiligten Schwarzen Löcher zu schließen. Die beiden ursprünglichen Schwarzen Löcher besaßen 29 beziehungsweise 36 Sonnenmassen, das Schwarze Loch, das am Ende übrigblieb, hatte 62 Sonnenmassen. Wir rechnen nach und stellen fest, dass drei Sonnenmassen fehlen. Diese wurden in einem Sekundenbruchteil in pure Energie umgewandelt und in Form von Gravitationswellen abgegeben. Eine Zehntelsekunde lang war die Leuchtkraft in Verbindung mit diesen Gravitationswellen größer als die Leuchtkraft aller Sterne im sichtbaren Universum zusammen. Die Entdeckung brachte den Forschern 2017 den Nobelpreis für Physik ein.

Stephen Hawking machte bedeutende Entdeckungen über Schwarze Löcher. Er fand heraus, dass sie aufgrund von Quanteneffekten geringe Mengen thermischer Strahlung emittieren müssten (im langwelligen Radiowellenbereich des Spektrums). Diese sind bis jetzt noch viel zu schwach, um nachgewiesen zu werden, deshalb hat Stephen Hawking auch keinen Nobelpreis bekommen – dafür bedarf es in der Regel experimentell gestützter Nachweise. Die Emission dieser Hawking-Strahlung führt dazu, dass das Schwarze Loch allmählich an Masse einbüßt. Ein Schwarzes Loch mit 62 Sonnenmassen wird sich in einem Zeitraum von 5×10^{72} Jahren verflüchtigen – das ist viel länger als das bisherige Alter des Universums.

Auch der Sonne wird in etwa 5 Milliarden Jahren der Sprit, sprich: der Wasserstoff ausgehen. Ihr Ableben wird nicht so spektakulär sein wie die Explosion einer Supernova, aber für uns ist es von besonderem Interesse. Analog zum Schicksal massereicherer Sterne wird die Sonne, wenn sämtlicher Wasserstoff im Kern aufgebraucht ist, die Wasserstoffhülle in Angriff nehmen, die den inzwischen reinen Heliumkern unmittelbar umgibt. Die Wasserstoffschicht außerhalb des Kerns war bis dahin bei der Kernfusion außen vor geblieben – ihre Dichte und Temperatur waren einfach zu niedrig. Wenn jedoch der Kern kollabiert, kollabiert auch die ihn umhüllende Wasserstoffschicht und wird dadurch heißer und dichter. Rasch werden Druck und Temperatur hoch genug, um die Fusion von Wasserstoff zu Helium in der kollabierten äußeren Schicht auszulösen. Damit hat die Sonne eine neue Energiequelle, mit der sie ihren nuklearen Brennofen am Laufen halten kann.

Plötzlich wird der Sonne damit neues Leben eingehaucht. Die Geschwindigkeit der Energieproduktion in der viel größeren Schicht, die nun Wasserstoff fusioniert, ist gewaltig – viel höher als im Kern, als der Stern noch in der Hauptreihe unterwegs war.

Und so produziert der Stern, für eine kurze Phase jedenfalls, eine enorme Leuchtkraft, es braucht allerdings lange, bis die Strahlung herauskommt, und der gestiegene Druck beginnt, das Tauziehen mit der Schwerkraft allmählich für sich zu entscheiden. Als Folge dehnen sich die äußeren Bereiche des Sterns aus (und kühlen sich ab), selbst während sich die inneren Teile noch zusammenziehen. Die Sonne wird zu einem *Roten Riesen* mit dem ungefähr 200-Fachen des gegenwärtigen Durchmessers der Sonne. In rund 7,4 Milliarden Jahren werden die gezeitenartigen Interaktionen mit der Sonne während ihrer Phase als Roter Riese dazu führen, dass die Erde allmählich in einer Spiralbewegung in die Hülle der Sonne hineingezogen wird und verdampft.

Der Heliumkern der Sonne besitzt keine interne Energiequelle, deshalb bewirkt die Gravitation, dass der Kern sich weiter zusammenzieht und aufheizt. Erst wenn die Temperatur im Zentrum circa 100 Millionen Kelvin erreicht, werden die Heliumkerne beginnen, zu Kohlenstoff- und Sauerstoffkernen zu fusionieren. Diese Phase der Heliumfusion wird bei der Sonne etwa 2 Milliarden Jahre dauern. Dann ist der Vorrat an Helium im Kern aufgebraucht, und der Kern kollabiert ein weiteres Mal.

Bei Sternen mit der Masse der Sonne sind wir damit nicht mehr weit vom Ende unserer Geschichte entfernt. Die äußeren Bereiche des Sterns liegen weit entfernt vom Kern und verspüren nur eine schwache Wirkung der Gravitation. Es braucht nur ein bisschen mehr Energie, um diese äußeren Bereiche abzustoßen, die sich dann sanft als diffuse Gashülle in den Raum ausdehnen und den heißen, dichten Kohlenstoff-Sauerstoffkern bloßlegen, den der Stern hinterlassen hat. Er ist winzig (in etwa so groß wie die Erde) und heiß genug, um weiß zu erscheinen. Deshalb bezeichnen wir ihn als Weißen Zwerg. Auch der Weiße Zwerg hat keine eigene Energiequelle, deshalb kühlt er über die Jahrmilliarden allmählich ab. Aus Gründen der Tradition bezeichnen wir den Weißen Zwerg noch immer als Stern, auch wenn in ihm keine Kernfusion mehr stattfindet.

Was bewahrt den Weißen Zwerg vor einem weiteren Gravitationskollaps? Elektronen. Genauer: das *Pauli-Prinzip*, benannt nach dem Physiker Wolfgang Pauli. Es besagt, dass zwei Elektronen niemals denselben Quantenzustand einnehmen können. In Atomen mit vielen Elektronen weichen die Elektronen auf höhere Energieniveaus aus, wenn die unteren Ebenen bereits besetzt sind. Bei Weißen Zwergen bewirkt das Pauli-Prinzip, dass es den Elektronen nicht gefällt, allzu eng zusammengequetscht zu werden, dadurch entsteht eine neue Art von Druck, die den Weißen Zwerg gegen die Schwerkraft abschirmt. Unsere Sonne wird ihr Leben exakt in dieser Weise aushauchen: als Weißer Zwerg.

Kommen wir zurück zu den Sternen, denen ein heftigeres Schicksal blüht. Sterne, die mehr als 8-mal massereicher sind als die Sonne, machen eine wesentlich dramatischere Abfolge von Reaktionen durch. In ihrem Kern gibt es genug Masse, Druck und Temperatur, um damit Kohlenstoff und Sauerstoff zu Elementen wie Neon, Silizium und den anderen im Periodensystem bis hinunter zum Eisen fusionieren zu können.

Die äußeren Schichten dieser massereicheren Sterne werden merklich größer als Rote Riesen: Sie werden zu Roten Überriesen.

Am Nachthimmel erscheinen einige helle Sterne auch für das bloße Auge deutlich rötlich. Rote Sterne in der Hauptreihe haben eine geringe Leuchtkraft; sie sind mit bloßem Auge niemals erkennbar. Im Gegensatz dazu sind alle hellen roten Sterne am Himmel entweder Rote Riesen (wie etwa Arktur im Sternbild Bärenhüter und Aldebaran im Sternbild Stier) oder Rote Überriesen (wie etwa Beteigeuze im Sternbild Orion). Beteigeuze hat einen circa 1000-mal größeren Radius als die Sonne und mindestens die 10-fache Masse der

Sonne. In seinem Kern verschmilzt Helium zu Kohlenstoff, Sauerstoff und schwereren Elementen.

Setzen wir unsere Geschichte fort. Wenn die Masse des Sternkerns mehr als 1,4 Sonnenmassen ausmacht, kann der Elektronendruck den Kräften der Gravitation nicht mehr standhalten. Komprimiert durch die Schwerkraft verschmelzen die Elektronen mit Protonen und bilden Neutronen (bei dem Vorgang werden Neutrinos freigesetzt). Damit verbleibt ein *Neutronenstern* – im Grunde ein riesiger Atomkern, der größtenteils aus reinen Neutronen besteht. Das Pauli-Prinzip gilt für Neutronen genauso wie für Elektronen, und der resultierende Neutronendruck stützt nun den Stern gegen die Gravitation. Da Neutronen jedoch fast 2000-mal mehr Masse haben als Elektronen, sind Neutronensterne winzig, nur etwa 20 Kilometer im Durchmesser. Ein Neutronenstern kann eine Dichte von fast 10^{15} Gramm pro Kubikzentimeter haben (das entspricht den 100 Millionen Elefanten in der Lippenstifthülle, von denen bereits in Kapitel 1 die Rede war).

Nehmen wir die nächste Stufe. Ist der Kern eines Sterns doppelt so massereich wie die Sonne, dann ist der Neutronenstern, der sich zu bilden versucht, so instabil, dass er weiter kollabiert. Die Gravitation überwindet den Neutronendruck, und es entsteht ein Schwarzes Loch. Unabhängig davon, ob der Kern zu einem Neutronenstern oder zu einem Schwarzen Loch kollabiert, wird die einfallende Materie, bestehend aus Elementen, die leichter sind als Eisen, heftig komprimiert, was weitere nukleare Reaktionen auslöst. Die plötzliche Freisetzung von Energie wirft das gesamte Äußere des Sterns ab und führt zu einer Supernova-Explosion. Sterne in der Hauptreihe mit mehr als der 8-fachen Masse der Sonne sind diejenigen, deren Ende sich in Form einer Explosion als Supernova einstellt. Danach bilden sich entweder Neutronensterne oder Schwarze Löcher. Massereiche explodierende Sterne sind Supernovae des *Typs II*. An Supernovae des *Typs Ia* sind Weiße Zwerge beteiligt, allerdings werden die Details, wie genau sich dies abspielt, heftig diskutiert. Ein Modell geht davon aus, dass die Explosion passiert, wenn gravitationsbedingte Interaktionen in einem Tripelstern-System die Kollision zweier Weißer Zwerge zur Folge haben. Die durch die Kollision entstehende Hitze lässt ihren Nukleartreibstoff explodieren und erzeugt damit eine Supernova. Alternativ kann ein Roter Riesenstern in einem binären System Masse auf einen Weißen Zwergstern übertragen und ihn damit über die Chandrasekhar-Grenze von 1,4 Sonnenmassen hieven. Dann kollabiert der Stern, und wieder detonieren seine Reserven an Nukleartreibstoff in einer Supernova.

Bei einer Supernova-Explosion beider Typen wird Gas heftig, mit bis zu 10 Prozent der Lichtgeschwindigkeit, in alle Richtungen ausgestoßen. Der Stern wird dabei größtenteils oder sogar vollständig zerstört. Im Kern des Sterns erzeugte schwere Elemente werden nun ins interstellare Medium ausgespien und stehen bereit, als Substanz in die nächste Generation Sterne und Planeten aufgenommen zu werden.

Kommen wir nun auf diese Sterne zu sprechen – auf die nächste Generation. Der Orionnebel ist eine Art stellarer Kinderstube: eine Gaswolke, bereits angereichert mit schweren Elementen, welche in den Kernen einer früheren Generation sterbender Sterne geschmiedet wurden. Im Sternbild befindet sich der Orionnebel unten an Orions Schwert, es hängt ihm sozusagen am Gürtel. Schon durch das Fernglas beobachtet wirkt es auffällig verschwommen, nicht so scharf abgegrenzt wie ein Stern. Ultraviolettes Licht aus den hellen, neu entstandenen und massereichen O- und B-Sternen im Zentrum des Nebels regen das Gas in der Umgebung an, lassen es fluoreszieren und im sichtbaren Licht erscheinen. Der Orionnebel gebiert aktiv circa 700 Sterne. Viele von ihnen sind umgeben von Scheiben aus Gas und Staub, aus denen sich irgendwann Planeten bilden könnten.

Andere Sternenentstehungsgebiete bringen Tausende und Abertausende von ganzen Sternensystemen hervor. Unsere Galaxie hat etwa 300 Milliarden Sterne, und wie wir im nächsten Kapitel sehen werden, sind viele von ihnen mit einiger Wahrscheinlichkeit von eigenen Planeten umgeben.

Wie wichtig sind wir in diesem Gesamtbild? In kosmischen Dimensionen völlig unbedeutend. Unser winziger Planet kreist um einen gewöhnlichen Stern in einer Galaxie mit mehreren hundert Milliarden Sternen – eine deprimierende Erkenntnis für Menschen, die sich lieber groß und bedeutend fühlen würden. Das Problem ist: Jedes Mal, wenn wir versuchen, uns für etwas Besonderes im Kosmos zu halten – dass wir in seinem Zentrum stehen, dass sich das ganze Universum um uns dreht, dass wir aus ganz besonderen Zutaten gemacht sind, oder dass es uns schon seit dem Anfang der Zeit gibt –, müssen wir feststellen, dass das Gegenteil zutrifft. Genau dies ist im *Kopernikanischen Prinzip* festgehalten: Dein Platz im Universum, und die Zeit, die dein Leben währt, sind vermutlich nichts Besonderes. Benannt ist dieses Prinzip nach Nikolaus Kopernikus, der schon anno 1543 zeigte, dass die Erde nur einer von mehreren Planeten ist, die um die Sonne kreisen, und deshalb keineswegs den Mittelpunkt des Universums bildet. Tatsächlich bewohnen wir bloß einen bescheidenen Winkel der Galaxie, die ihrerseits einen bescheidenen Winkel im Universum einnimmt.

Jeder Astrophysiker lebt mit dieser Wirklichkeit. Sie sollten es auch tun.

KAPITEL 4

DIE SUCHE NACH LEBEN IN DER GALAXIE

Neil deGrasse Tyson

Als Lebewesen pflegen wir ein besonderes Interesse am Leben im Universum. Zunächst einmal erscheint es nicht unvernünftig, Fragen nach Leben im Universum an der Art von Leben auszurichten, das wir kennen – am Leben auf der Erde also. Offenbar weisen alle Lebewesen eine Reihe gemeinsamer Eigenschaften auf. Erstens braucht es für Leben, wie wir es kennen, flüssiges Wasser. Zweitens verbraucht Leben Energie – chemisch ausgedrückt: Wir haben einen Stoffwechsel. Und drittens pflanzt sich Leben auf die eine oder andere Weise fort. Ich werde mich auf das erste Merkmal beschränken, weil es sich für die Erkundung mit den Werkzeugen und Methoden der Astrophysik anbietet. Wir müssen nichts weiter tun, als in den anderen Welten nach flüssigem Wasser Ausschau zu halten.

Seit der Geschichte von »Goldlöckchen und die drei Bären« wissen (und akzeptieren) wir, dass Dinge zu heiß, zu kalt oder genau richtig sein können. Nehmen wir die Sonne. Wir wissen, dass sie Energie abstrahlt: Je näher wir der Sonne kommen, desto heißer wird es, und je weiter wir von ihr entfernt sind, desto kälter geht es zu. Wenn für das Leben flüssiges Wasser benötigt wird, wir aber zu nahe an der Sonne sind, verdunstet das Wasser, und wir haben nur noch Wasserdampf. Sind wir zu weit weg, gefriert es, wir haben Eis. Das führt uns zu dem Schluss, dass die Umlaufbahn eines Planeten in einem bestimmten Bereich – einer bestimmten Zone – liegen muss, damit dort flüssiges Wasser vorhanden sein kann. Astrobiologen bezeichnen diesen Bereich als *bewohnbare* oder *habitable Zone*. Jeder Stern hat eine habitable Zone, und je nach Leuchtkraft des Sterns fällt seine habitable Zone unterschiedlich groß aus, was uns wiederum einiges zu denken gab. Der Astrophysiker Frank Drake entwarf für dieses Konzept für intelligentes Leben jenseits der Erde eine Formel, die sogenannte *Drake-Gleichung*. Es ist eigentlich weniger eine Gleichung, eher schon eine Methode zur Organisation unserer Kenntnisse (oder unserer Unkenntnis) über das Thema. Lassen Sie uns also diese Gleichung entwickeln und eine Vorhersage wagen, oder zumindest die Quellen unserer Unkenntnis ergründen.

Auf der Basis all dessen, was wir über das Leben wissen, gehen wir davon aus, dass Leben einen Planeten benötigt, der um einen Stern kreist. Und im Bewusstsein, dass sich das Leben auf der Erde langsam entwickelt, braucht es Milliarden Jahre der Evolution, um intelligentes Leben hervorzubringen. Der Stern muss demnach langlebig sein. Das trifft aber auf längst nicht alle Sterne zu. Die massereichsten Sterne haben eine Lebenserwartung von höchstens 10 Millionen Jahren – wenig Hoffnung auf intelligentes Leben auf einem Planeten, der einen solchen Stern umkreist, wenn wir uns am Geschehen auf der Erde orientieren. Wir brauchen einen langlebigen Stern, und wir brauchen einen Planeten in der habitablen Zone dieses Sterns.

Wenn Sie mit Wesen auf einem Planeten, der Leben beherbergen könnte, kommunizieren wollen, genügt es nicht, dass dort einfach nur Leben vorhanden ist. Es muss sich um intelligentes Leben handeln. Und genau genommen brauchen Sie sogar noch mehr als das. Isaac Newton war intelligent, aber Sie hätten sich quer durch die Galaxie schwerlich mit ihm unterhalten können. Zu seiner Zeit fehlte ihm die Technologie, die es ermöglicht hätte, Signale über die riesigen Entfernungen des Alls zu senden. Das intelligente Leben, das wir suchen, muss in der Epoche, in der wir es beobachten, technisch hochentwickelt sein. Mit anderen Worten: Wenn dieses Leben 1000 Lichtjahre von uns entfernt ist, muss es vor genau 1000 Jahren technisch hochentwickelt gewesen sein und Signale quer durch das Weltall in unsere Richtung gesendet haben, damit uns diese Signale heute erreichen. Bedenken Sie jedoch, dass die Technologie stets den Keim der Selbstauslöschung enthält. Nehmen wir an, diese Technologie in den Händen ignoranter und verantwortungsloser Leute ermöglicht es diesen, sich effizienter selbst zu zerstören, als es jede Naturkatastrophe könnte. Wie lange würde es dauern, bis Ihre eigene Zivilisation auf diese Weise ausgelöscht wäre? Vielleicht reichen schon hundert Jahre. Wenn Sie sich unter diesen Voraussetzungen in der Galaxie umschauen, brauchen Sie schon eine Portion Glück, um einen anderen Planeten zu finden, der sich gerade in diesem Zeitfenster von 100 Jahren befindet – wir reden von 100 Jahren innerhalb einer Geschichte von 5 Milliarden Jahren, die dieser Planet um seinen Heimatstern kreist. Die Wahrscheinlichkeit, einen kosmischen Brieffreund zu finden, ist offenbar einigermaßen gering.

Frank Drake sammelte alle diese Gesichtspunkte und nahm sie in seine Gleichung auf. Diese Gleichung wurde zum Ausgangspunkt für die Suche nach außerirdischer Intelligenz oder SETI (Abkürzung für *Search for Extraterrestrial Intelligence*). Er wollte die Anzahl kommunizierender Zivilisationen in der Galaxie schätzen, von denen wir genau jetzt etwas hören könnten: N_c. Um auf diesen Wert zu kommen, führte er eine Reihe von Faktoren in eine Gleichung ein. Dabei steht jeder Term für einen bestimmten, auf den Erkenntnissen der modernen Astrophysik beruhenden Schätzwert:

$$N_c = N_s \times f_{HP} \times f_L \times f_i \times f_c \times (L_c/\text{Alter der Galaxie})$$

Dabei gilt:

N_c = Anzahl der kommunizierenden Zivilisationen, die wir heute in der Galaxie beobachten könnten
N_s = Anzahl der Sterne in der Galaxie
f_{HP} = Anteil der geeigneten Sterne, die einen Planeten in der habitablen Zone haben
f_L = Anteil dieser Planeten, auf denen sich Leben entwickelt
f_i = Anteil der Planeten mit Leben, auf denen sich intelligentes Leben entwickelt
f_c = Anteil der Planeten mit intelligentem Leben, auf denen Technologie zur Kommunikation über interstellare Entfernungen entwickelt wird
L_c = durchschnittliche Lebensdauer kommunizierender Zivilisationen

Beginnen wir mit der Anzahl der Sterne in der Milchstraße, circa 300 Milliarden. Da nicht jeder Stern in der Galaxie geeignet sein dürfte, multiplizieren wir diesen Wert mit dem Anteil der langlebigen Sterne (das heißt, lange genug, damit sich intelligentes Leben entwickeln kann), die außerdem einen Planeten in der habitablen Zone haben (f_{HP}). Das reduziert die Gesamtanzahl der Planeten, auf denen wir nach intelligentem Leben suchen könnten. Zum Zeitpunkt dieser Veröffentlichung haben wir nach heldenhaftem Durchforsten von über 150 000 Sternen die Existenz von mehr als 4000 Exoplaneten nachweisen können. 1994 lag diese Zahl noch bei null.

Sterne mit Planeten sind also keine Seltenheit, und viele Sterne haben mehrere Planeten. Unter den Sternen mit Planeten wollen wir diejenigen ausfindig machen, die einen glücklichen Planeten in der habitablen Zone haben. Exoplaneten können wir anhand der Gravitationsanziehung entdecken, die sie auf ihre Sterne ausüben. Damit bewirken sie nämlich eine erkennbare Abweichung in der Radialgeschwindigkeit des Sterns. Planeten, die in geringerer Entfernung um ihren Stern kreisen, üben einen stärkeren Zug aus und verursachen eine größere Unregelmäßigkeit in der Radialgeschwindigkeit des Sterns. Deshalb sind Planeten, die nahe um ihren Stern kreisen, relativ leicht zu entdecken. Allerdings werden solche Planeten in aller Regel zu heiß sein, als dass auf ihnen flüssiges Wasser existieren könnte – sie eignen sich also nicht für unsere Drake-Gleichung. Die bislang umfangreichste Studie zu Exoplaneten wurde vom Kepler-Satellit der NASA durchgeführt. Benannt ist der Satellit natürlich nach Johannes Kepler, dessen Erforschung der Planetenbahnen Newton als Inspiration zur Aufstellung seines Gravitationsgesetzes diente. Kepler (der Satellit) entdeckte Planeten durch Messen der geringfügigen Abschwächung des vom Stern abgestrahlten Lichts, die sich einstellt, wenn der Planet aus unserem Blickwinkel beziehungsweise in der Sichtlinie des Satelliten vor dem Stern vorüberzieht. Diesen Vorgang bezeichnen wir als *Transit.*

Der Radius des Jupiters entspricht etwa 10 Prozent des Sonnenradius. Seine Querschnittsfläche (πr^2) beträgt nur 1 Prozent der Sonnenfläche. Beim Transit eines Planeten von der Größe des Jupiters vor einem Stern von der Größe der Sonne kommt es also zu einer vorübergehenden Abschwächung des Sternenlichts um 1 Prozent. Bei einem Planeten von der Größe der Erde, dessen Radius nur 1 Prozent des Sonnenradius beträgt, schwächt sich das Licht des Sterns beim Vorüberziehen des Planeten entsprechend nur um 0,01 Prozent ab (s. Abbildung 1 auf Seite 39). Der Kepler-Satellit wurde so konzipiert, dass er grundsätzlich empfindlich genug ist, um so geringe Helligkeitsschwankungen eines Sterns registrieren zu können. Schließlich geht es bei Kepler ja um das Entdecken erdähnlicher Planeten, auch wenn der Satellit dafür an die Grenze seiner Leistungsfähigkeit gehen muss. Und Kepler fand tatsächlich zahlreiche kleinere Planeten von bis zu erdähnlicher Größe. Die meisten Entdeckungen des Satelliten waren allerdings Planeten von der Größe

Jupiters oder Neptuns, auf denen ein Leben, wie wir es kennen, nicht möglich ist.

Ein Transit ist wahrscheinlicher, wenn der Planet seinen Stern in relativ geringer Entfernung umkreist, deshalb sind die meisten der von Kepler entdeckten Planeten zu heiß, als dass auf ihnen Leben möglich wäre. Wenn der Planet weit genug entfernt ist, um habitable Temperaturverhältnisse zu bieten, muss seine Umlaufbahn um den Stern genau so ausgerichtet sein, dass wir den Transit auch sehen können. Und da seine Umlaufperiode länger ist, gibt es weniger Transits, die Kepler beobachten kann, was wiederum die Chancen, den Planeten zu entdecken, verschlechtert. Der Kepler-Satellit hat bislang nur etwa zehn bestätigte Exoplaneten gefunden, deren Durchmesser bei 1 bis 2 Erddurchmessern liegt und die von ihrem Stern eine Strahlungsmenge empfangen, die sich innerhalb eines Faktors 4 dessen bewegt, was die Erde von der Sonne abbekommt. Diese Zahl ist einfach deshalb so niedrig, weil solche Planeten mit der Transittechnik schwerer zu entdecken sind. Allerdings ist die neue NASA-Mission mit Namen TESS (Transiting Exoplanet Survey Satellite) gerade dabei, weitere Planeten ausfindig zu machen.

Trotz all dieser Herausforderungen ist »Kepler 62e« ein vielversprechender Kandidat. Er ist einer von fünf Planeten, die einen K-Stern in circa 1000 Lichtjahren Entfernung von uns umkreisen. Der Stern hat eine Oberflächentemperatur von 4900 K. Der Radius von Kepler 62e beträgt das 1,61-Fache des Erdradius, und er empfängt nur etwa 20 Prozent mehr Energie pro Quadratmeter von seinem Stern als die Erde von der Sonne. Und er liegt in der habitablen Zone. Der Planet erfüllt also viele unserer Kriterien für die Suche nach außerirdischem Leben. Kepler 62e könnte ein Gesteinsplanet sein, oder auch ein Eisplanet mit einem tiefen Ozean an der Oberfläche. Das aus mehreren Planeten bestehende System von Kepler 62 ist etwa 2,5 Milliarden Jahre älter als unser Sonnensystem.

Welcher Anteil geeigneter Sterne (f_{HP}) weist einen Planeten in der habitablen Zone auf? G-Sterne wie die Sonne machen etwa 8 Prozent der Sterne in der Milchstraße aus. Wir wissen, dass sie Leben ermöglichen, denn die Sonne ist ja einer von ihnen. Wie bereits erwähnt, verbrauchen Sterne, die viel leuchtstärker sind als die Sonne, ihren Treibstoff zu schnell, sodass die Planeten nicht ausreichend Zeit haben, um komplexes, intelligentes Leben zu entwickeln – auf der Erde hat es dafür mehrere Milliarden Jahre gebraucht. Leuchtschwächere Sterne der Kategorien K und M leben sogar noch länger als die Sonne und erfüllen daher diese Voraussetzung hervorragend.

M-Sterne in der Hauptreihe haben allerdings eine so niedrige Leuchtkraft, dass ein Planet, um in der habitablen Zone zu liegen, sich sehr nahe an den M-Stern herankuscheln müsste. Dadurch käme es infolge der Gezeitenkräfte zu einer gebundenen Rotation des Planeten, das heißt, der Planet würde dem Stern immer dieselbe Seite zuwenden. Die Gezeitenkräfte sind umso stärker, je geringer die Entfernung zwischen zwei Himmelskörpern ist. Sie zwingen dem Planeten auch eine leicht ellipsoide Form auf, und seine Rotation wird so lange verlangsamt, bis die ellipsoide Form in Richtung des Zentralgestirns zeigt. (Aufgrund dieses Effekts führt unser Mond eine gebundene Rotation aus und wendet der Erde immer dieselbe Seite zu.) Den Planeten stört das nicht weiter, aber für das Leben auf seiner Oberfläche könnte es zum Problem werden: Die dem M-Stern konstant zugewandte Seite wäre zu heiß, die abgewandte Seite zu kalt. Eine erdähnliche Atmosphäre würde auf der kalten Seite ausfrieren. Die Atmosphäre der heißen Seite würde sich auf die abgewandte Seite ausdehnen und allmählich ebenfalls ausfrieren, und dieser Prozess wäre nicht aufzuhalten. Am Ende wäre die gesamte Atmosphäre sozusagen auf der kalten Seite festgefroren, und das Leben auf dem Planeten hätte keine Chance mehr. Die einzige Hoffnung für Leben auf einem solchen Planeten wäre eine ausreichend dicke Atmosphäre, in der die Luft zirkulieren und so die extremen Temperaturunterschiede der beiden Seiten zumindest teilweise ausgleichen würde. An der Planetenoberfläche würde eine solche Atmosphäre einen sehr hohen Druck aufweisen. Hinzu kommt, dass es bei M-Sternen sehr viel mehr Oberflächeneruptionen gibt –

sogenannte Flares – als bei sonnenähnlichen Sternen, und auch diese Eruptionen könnten sich als tödlich erweisen. Leben wäre vielleicht noch nicht unmöglich, aber es wäre jedenfalls schwieriger, eine Evolution des Lebens in Gang zu bringen.

Aus diesen Gründen sind G- und K-Sterne unsere besten Kandidaten, und sie machen immerhin beachtliche 20 Prozent aller Sterne in der Milchstraße aus. Wie groß ist nun die Chance, in den Orbits solcher Sterne einen Planeten in der habitablen Zone anzutreffen? Nach einer Anpassung der Auswahleffekte für die Beobachtung sagen uns die Daten des Kepler-Satelliten, dass circa 10 Prozent der sonnenähnlichen Sterne (Typ G oder K) einen Planeten mit ungefähr dem ein- bis zweifachen Erddurchmesser haben, der von seinem Stern Energie im Bereich von einem Viertel bis zum Vierfachen dessen geliefert bekommt, was die Erde von der Sonne erhält. Und wenn – dies wieder gemäß den Kepler-Satellitendaten – etwa 45 Prozent dieser Planeten unter Berücksichtigung ihrer Energieabstrahlung und ihres Treibhauseffekts in einem Radiusbereich liegen, den sie für die Einstufung als habitabel benötigen (das heißt, es muss flüssiges Wasser an der Oberfläche geben), dann ergibt sich für $f_{HP} = 20\,\% \times 10\,\% \times 45\,\% = 0{,}2 \times 0{,}1 \times 0{,}45 = 0{,}009$.

Ein Planet muss allerdings noch weitere Kriterien erfüllen. Er muss eine ausreichende Atmosphäre aufweisen. Die Umlaufbahn des Planeten darf nicht zu stark elliptisch sein –

damit käme er abwechselnd dem Stern zu nahe oder würde sich zu weit entfernen, und das Wasser auf dem Planeten würde verkochen oder gefrieren. Glücklicherweise haben die meisten vom Kepler-Satelliten entdeckten erdähnlichen Planeten nahezu kreisförmige Umlaufbahnen um ihren Stern. Sie treten oft in Systemen mit mehreren Planeten auf, in denen die orbitalen Wechselwirkungen zwischen den Planeten dazu führen, dass die Umlaufbahnen mit der Zeit immer kreisförmiger werden. Die Planeten richten sich allmählich auf ihren Bahnen so ein, dass sie sich nicht gegenseitig in die Quere kommen.

Einst herrschte in der Wissenschaft die Annahme vor, Doppelsternsysteme könnten keine Planeten haben. Da mehr als die Hälfte der Sterne in der Galaxie Doppelsterne sind, würde dies den Anteil der möglichen Kandidaten für unsere Suche auf einen Schlag halbieren. Aber der Kepler-Satellit hat Planeten in Doppelsternsystemen entdeckt; sie ziehen in großer Entfernung von beiden Sternen ihre Bahn.

Drei zusätzliche Faktoren – Atmosphäre, exzentrische Umlaufbahn und Störungen durch ein Doppelsternsystem – reduzieren jeder für sich die Wahrscheinlichkeit, dass sich in der habitablen Zone eines Sterns ein Planet befindet. Zusammengenommen reduzieren sie den Wert von f_{HP} aber vermutlich höchstens um den Faktor 2. Daher wollen wir f_{HP} nur ein wenig herabsetzen: Gehen wir statt von 0,009 jetzt von etwa 0,006 aus.

Als Drake in den 1960er-Jahren seine Gleichung erstmals zu Papier brachte, hatten wir noch keine Planeten entdeckt, die um andere Sterne kreisen. Damit konnte man eigentlich nur raten, was den Wert von f_{HP} anging. Heute dagegen haben wir die Daten, um unsere Schätzung zu präzisieren, und genau so war die Gleichung auch gedacht.

Das Ergebnis von $f_{HP} \sim 0{,}006$ ist durchaus ermutigend. Der nächste Stern ist 4 Lichtjahre entfernt. Gehen wir zehnmal so weit, 40 Lichtjahre hinaus ins All. Diese Sphäre mit einem Radius von 40 Lichtjahren hat 1000-mal mehr Rauminhalt als eine Sphäre mit dem Radius von nur 4 Lichtjahren, wir finden darin also etwa 1000-mal so viele Sterne. Mit $f_{HP} \sim 0{,}006$ können wir im Schnitt davon ausgehen, innerhalb dieses Radius mindestens sechs habitable Planeten zu finden. Wir gehen in der Tat davon aus, innerhalb der 40 Lichtjahre großen Christbaumkugel um unsere Sonne herum einen bewohnbaren Planeten zu finden, der einen anderen Stern umkreist! Das würde bedeuten, dass die Folgen der ersten Staffel von *Raumschiff Enterprise* (Originaltitel: *Star Trek*), die damals in Form von TV-Signalen mit Lichtgeschwindigkeit ins All entwichen, vermutlich bereits über einen anderen habitablen Planeten mit flüssigem Wasser an der Oberfläche gestrichen sind.

Wenn man das helle Licht des Sterns mit einer speziellen Scheibe abdeckt, um die Flutungseffekte des vom Stern ausgehenden Streulichts zu minimieren, wäre ein Weltraumteleskop mit 12 Metern Durchmesser grundsätzlich in der Lage, einen erdähnlichen Planeten unter die Lupe zu nehmen, der in 40 Lichtjahren Entfernung um seinen Heimatstern kreist. Das James-Webb-Weltraumteleskop hat einen segmentierten Spiegel mit 6,5 Metern Durchmesser. Die nächste Generation der Weltraumteleskope ist vielleicht schon in der Lage, einen erdähnlichen Planeten in einer habitablen Zone in bis zu 40 Lichtjahren Entfernung zu finden und zu fotografieren. Vielleicht ist der Planet grün und liefert Anzeichen für Vegetation. Vielleicht ist er blau, was auf Ozeane hindeuten könnte. Wir könnten das Spektrum seiner Atmosphäre untersuchen und feststellen, ob es dort Sauerstoff gibt – eine Art Biomarker, ein Nebenprodukt der Photosynthese und anderer chemischer Reaktionen, das Hinweise auf die Existenz von Leben geben kann.

Wenn Sie die Anzahl der Sterne in der Galaxie (300 Milliarden) mit f_{HP} (0,006) multiplizieren und hier mit der Berechnung aufhören, haben Sie die Anzahl Planeten in einer habitablen Zone: 1,8 Milliarden. Das ist gewaltig, aber nicht alle davon sind für uns von Interesse. Von denjenigen in der habitablen Zone suchen wir vor allem nach dem Anteil f_L, also den Planeten, auf denen es tatsächlich Leben gibt. Und auch nicht irgendein Leben, sondern intelligentes Leben. Welcher Anteil f_i der belebten Planeten entwickelt auch intelligentes Leben? Und wie groß ist unter diesen der Anteil f_c, der auch Technologie entwickelt, die eine

Kommunikation über interstellare Entfernungen hinweg ermöglicht?

Der letzte Term in der Drake-Gleichung ist der Bruchteil dieser Zivilisationen, die in der Epoche kommunizieren, die wir im Moment beobachten. Das ist genau jener Bruchteil vom Alter der Galaxie, in dem diese Zivilisationen sozusagen die Antennen ausgefahren haben. Wenn wir den Blick durch die Milchstraße schweifen lassen, stoßen wir auf neugeborene Planeten, solche in den mittleren Jahren und auf alte Planeten. Die Wahrscheinlichkeit, einen Planeten anzutreffen, der sich zu einem zufällig gewählten Zeitpunkt in der Lebensdauer der Galaxie in seiner Kommunikationsphase befindet, ist gleich der durchschnittlichen Lebenserwartung Radiowellen übertragender Zivilisationen geteilt durch das Alter der Galaxie. Auch das ist also wieder ein Bruchteil – der letzte Bruch in unserer Berechnung. Multiplizieren wir alle diese Brüche und das Ergebnis dann mit unserer ursprünglichen Anzahl Sterne, kommen wir auf N_c, die Anzahl der Zivilisationen in der Galaxie, von denen wir zum jetzigen Zeitpunkt Kommunikation empfangen können.

Darin liegen der Ursprung und das Wesen der Drake-Gleichung.

Wir haben auch ein Schlupfloch in der Beweisführung zur habitablen Zone entdeckt. Der Jupitermond Europa hat einen 80 Kilometer tiefen Ozean mit flüssigem Wasser, der von einer 10 Kilometer dicken Eisschicht bedeckt ist. Aber

Europa liegt weit jenseits der habitablen Zone der Sonne. Wie konnte es dort so warm werden, dass ein riesiger Ozean mit flüssigem Wasser existieren kann? Europa umkreist den Jupiter zusammen mit drei weiteren Monden, und die Gravitationskräfte dieser drei anderen Monde beeinflussen seine Umlaufbahn so stark, dass er mal näher an Jupiter herangedrängt, mal weiter von ihm weggezogen wird. Wenn Europa sich dem Jupiter stärker annähert, quetschen Jupiters Gezeitenkräfte den armen Mond in eine etwas länglichere Form. Wenn der Mond mehr Abstand zum Jupiter hat, kann sich Europa wieder zu einer eher kugelförmigen Gestalt entspannen. Durch dieses ständige Kneten wird der Mond erwärmt, das Eis im Innern schmilzt und sorgt dafür, dass der Ozean flüssig bleibt. Jemand sollte die Entsendung einer Sonde finanzieren, die auf Europa landen, sich durch die Eisschicht bohren (oder schmelzen) und sich im Eisfischen versuchen müsste. Vielleicht fängt sie ja tatsächlich etwas. Wenn wir tatsächlich Lebensformen auf Europa finden würden, würden wir sie wohl als »Europäer« bezeichnen müssen!

Der Saturnmond Enceladus, durch ähnliche Gezeitenkräfte beheizt, verfügt ebenfalls über einen Ozean unter einer Eisschicht. Wenn wir also den Bruchteil f_{HP} schätzen, indem wir einfach nur die Planeten zählen, die unmittelbar von ihren Sternen beheizt werden, übersehen wir eine ganze Kategorie von Planeten, auf denen es flüssiges Wasser gibt.

Wir müssen den Bruchteil also auf vernünftige Weise nach oben anpassen, um auch durch Gezeitenkräfte erwärmte Monde wie Europa und Enceladus zu berücksichtigen, die eigentlich weit außerhalb der habitablen Zone liegen. Anders ausgedrückt: Wir müssen unsere Vorstellung davon, was unter einer habitablen Zone zu verstehen ist, erheblich ausweiten.

Auf welchem Bruchteil jener habitablen Orte gibt es tatsächlich Leben? Wie groß ist f_L? Unser einziges Maß dafür – unsere einzigen Daten – verdanken wir der Erde. Die Biologen rühmen gerne die Vielfalt des Lebens auf der Erde. Ich habe allerdings den Verdacht – sofern wir denn eines Tages einen Außerirdischen antreffen –, dass sich dieser Alien wohl deutlicher vom Leben auf der Erde unterscheiden wird, als sich zwei beliebige irdische Spezies voneinander unterscheiden.

Wie groß ist unsere Vielfalt auf der Erde nun wirklich? Schauen wir sie uns an – wir sind ein wahrlich bunter Zoo. Es gibt hier winzige Bakterien und noch winzigere Viren, es gibt Quallen, Hummer, Eisbären. Nehmen wir an, Sie waren noch nie auf der Erde, und jemand erzählt Ihnen nach einer Besichtigungstour ganz begeistert: »Ich habe gerade eine völlig exotische Lebensform gesehen. Sie spürt ihre Beute mittels Infrarotstrahlung auf. Das Wesen hat weder Arme noch Beine, trotzdem ist es ein tödliches Raubtier, das seine Beute verfolgt. Und wissen Sie was? Es kann Beutetiere verschlingen, die fünf Mal größer sind als sein eigener Kopf.« »Erzähl mir doch nichts«, werden Sie spontan antworten, aber was habe ich eigentlich gerade beschrieben? Eine Schlange! Sie hat weder Arme noch Beine, freut sich aber trotzdem ihres Schlangenlebens. Problemlos kann sie ihre Kiefer so weit dehnen, dass sie Dinge fressen kann, die größer sind als ihr eigener Kopf.

Was haben wir noch? Eichen. Und Menschen. Der springende Punkt ist, dass sich diese ganze Artenvielfalt einen Planeten teilt. Und wir haben alle eine gemeinsame DNA, ob es Ihnen nun passt oder nicht. Wir sind chemisch und biologisch eng miteinander verbunden.

Die Erde ist jetzt ungefähr 4,6 Milliarden Jahre alt. Im frühen Sonnensystem richteten Trümmer aus der Entstehungsphase schlimme Verwüstungen auf den Oberflächen der Planeten an: Es regnete noch immer große Gesteins- und Eisbrocken herab, die enorme Mengen Energie freisetzten. Kinetische Energie verwandelte sich in Wärme, verflüssigte die Erdoberfläche und sterilisierte sie dadurch. Das ging rund 600 Millionen Jahre so weiter. Wenn Sie sehen wollen, wie schnell das Leben entstand, beginnen Sie nicht vor 4,6 Milliarden Jahren. Fangen Sie besser vor circa 4 Milliarden Jahren an, denn da hatte sich die Erde ausreichend abgekühlt, damit flüssiges Wasser möglich war und komplexe Moleküle entstehen konnten. 200 Millionen Jahre später sehen Sie die ersten Hinweise auf Leben auf der Erde:

Cyanobakterien, vor 3,8 Milliarden Jahren. Der Anteil der Planeten in der habitablen Zone langlebiger Sterne dürfte ziemlich groß sein, weil unser eigener Planet, sobald die Möglichkeit dazu gegeben war, nur einen geringen Teil der zur Verfügung stehenden Zeit brauchte, um erste Lebensformen entstehen zu lassen. Wir wissen noch immer nicht ganz genau, wie das geschah – das ist nach wie vor Gegenstand biologischer Forschung –, aber ich kann Ihnen sagen, dass da hervorragende Leute am Werk sind. Wenn das Hervorbringen von Leben eine langwierige und komplizierte Aufgabe für die Natur wäre, hätte es vielleicht eine oder gar mehrere Milliarden Jahre gedauert, bis auf der Erde tatsächlich Leben entstanden wäre. So war es aber mitnichten. Es brauchte bloß ein paar hundert Millionen Jahre, und das gibt uns die Zuversicht, dass dieser Bruchteil f_L in der Drake-Gleichung recht hoch sein und vielleicht sogar nahe 1 liegen könnte.

Natürlich beschränken wir uns auf Leben, wie wir es kennen. In manchen Kreisen bedient man sich dafür sogar eines Akronyms: LAWKI – *life as we know it*. Wir wissen einfach nicht, wie wir uns anders sinnvoll diesem Problem annähern könnten. Wir könnten ja auch über Leben schreiben, wie wir es *nicht* kennen. Aber wo sollen wir da ansetzen? Vielleicht haben diese Wesen ja zwei Mäuler und bestehen aus Plutonium. Vielleicht ist das Leben irgendwo da draußen ja so, wie wir es nicht kennen, aber wir wissen nun einmal nicht, wie wir da die richtigen Fragen stellen sollten. Das ist eine praktische Problematik, keine philosophische. Wir haben nun mal ein Beispiel für Leben, wie wir es kennen, nämlich uns selbst – es ist ein Beispiel von vielen, und es stellt jedenfalls einen Existenzbeweis dar. Sie versuchen zu beweisen, dass etwas existiert, und ein Beispiel von diesem Etwas blickt Ihnen aus dem Spiegel entgegen. Schon haben wir den Beweis. Beginnen wir also damit und arbeiten uns von hier weiter voran. Wir wissen auch, dass wir aus Atomen bestehen, die im Universum durchaus häufig vorkommen.

In einer Folge der ersten Staffel von *Raumschiff Enterprise* trifft die Crew auf eine Lebensform, die nicht auf Kohlenstoff basiert, sondern auf Silizium. Wir sind Kohlenstoffwesen, aber Silizium kommt im Universum auch recht häufig vor. In besagter *Enterprise*-Folge war die Siliziumkreatur im Prinzip ein flacher Steinhaufen, der lebendig war und sich irgendwie watschelnd fortbewegte. Wahrlich eine fantasievolle Idee der Drehbuchautoren. Sie wollten offenbar das Spektrum der Lebensformen erweitern, mit denen es die Helden ihrer Geschichte in der Galaxie zu tun bekommen könnten. Wie sich zeigt, steht Silizium gleich unter Kohlenstoff im Periodensystem der Elemente. Vielleicht wissen Sie noch aus dem Chemieunterricht, dass Elemente in derselben Spalte allesamt eine ähnliche Elektronenkonfiguration in der äußeren Schale haben. Und wenn diese Struktur ähnlich ist, ist auch die Reaktionsfähigkeit mit anderen Elementen ähnlich. Wenn Sie wissen, dass Leben auf Kohlenstoffbasis existiert, warum sollte es dann nicht auch Leben auf Siliziumbasis geben? Es spricht erst einmal nichts dagegen. Unter praktischen Gesichtspunkten kommt allerdings Kohlenstoff im Universum etwa zehnmal häufiger vor als Silizium. Außerdem sind die Bindungen vieler Siliziummoleküle sehr fest, deshalb sind sie keine sehr bereitwilligen Mitspieler in der Welt der experimentellen Chemie, die wir Leben nennen. Bei Zimmertemperatur ist Kohlendioxid ein Gas, Siliziumdioxid dagegen ein Festkörper (Sand nämlich). Wir haben sogar bereits komplexe, langkettige Kohlenstoffverbindungen im interstellaren Raum angetroffen, wie etwa $H\text{-}C{\equiv}C\text{-}C{\equiv}C\text{-}C{\equiv}C\text{-}C{\equiv}N$ (mit abwechselnden Einfach- und Dreifachbindungen). Wir haben Aceton, $(CH_3)_2CO$, Benzol, C_6H_6; Essigsäure, CH_3COOH; und es gibt noch viele weitere Moleküle auf Kohlenstoffbasis, die im interstellaren Raum herumschweben. Alle diese Moleküle wurden von Gaswolken gebildet. Einige dieser Moleküle treffen wir auch in Kometen an. Beispielsweise gab der Komet Lovejoy gasförmigen Ethylalkohol ab, als er 2014 die Sonne in geringer Entfernung passierte. Silizium bildet keine langkettigen, komplexen Moleküle dieser Art und hat daher eine weniger interessante Chemie als Kohlenstoff. Wenn Sie also das gesuchte Leben auf eine fruchtbare chemische Grundlage stellen wollen, liegen sie mit Kohlenstoff ohne jeden

Zweifel genau richtig. Ganz gleich, welche Lebensformen die Galaxie bevölkern, wir können – selbst wenn sie ganz anders aussehen – fast darauf wetten, dass sie uns in der chemischen Zusammensetzung ähneln. Dafür sprechen allein schon die Häufigkeit von Kohlenstoff im Kosmos und seine Bindungseigenschaften.

Die Erde liefert uns das einzige Beispiel für Leben, das sich im Sonnensystem entwickelt hat, nehmen wir also an: (f_L) ~ 0,5. Damit liegen wir genau zwischen 0 und 1, die Sache ist also nicht sicher, wir haben eine 50:50-Chance. Was kommt als Nächstes? Der Bruchteil der Planeten, die langlebige Sterne in einer habitablen Zone umkreisen, und auf denen Leben existiert, *aber auch intelligentes Leben.* Da sind die Aussichten weniger gut.

Ganz gleich, nach welchem Schema Sie Intelligenz auf der Erde bewerten, der Mensch wird vermutlich an der Spitze der Pyramide stehen. Die Größe des Gehirns dürfte ein Faktor sein, und wir haben ein großes Gehirn. Allerdings haben Wale und Elefanten ein noch viel größeres Gehirn, das kann also nicht das alleinige Kriterium sein. Vielleicht geht es um die relative Größe. Menschen haben im Verhältnis zur Körpergröße das größte Gehirn unter allen Lebewesen. Wir bestimmen hier die Regeln, also setzen wir uns einfach an die Spitze. Aber vielleicht hindert uns ja die menschliche Hybris daran, die Sache mit anderen Augen zu sehen. Sagen wir: Okay, wir sind intelligent, und wir definieren Intelligenz, als Beispiel, anhand der Fähigkeit einer Spezies, Algebra zu betreiben. Wenn Intelligenz, die wir zu besitzen behaupten, so definiert ist, dann sind wir die einzigen intelligenten Wesen auf der Erde. Man muss Schweinswale einfach lieben und bewundern, aber ich vermute, sie werden sich nicht mit Unterwasser-Algebra die Zeit vertreiben, ganz gleich, wie komplex und klug ihr Verhalten auf uns wirken mag. Keine Spezies außer uns Menschen hat sich in der Weltgeschichte jemals mit Algebra befasst, also sind wir intelligent. Lassen Sie uns der Einfachheit halber bei dieser Definition bleiben. Angenommen, wir suchen nach Lebensformen, mit denen wir uns unterhalten können. Wir würden das Gespräch nicht auf Englisch führen, sondern in einer Sprache, die wir für kosmisch, für universell halten: Es wäre die Sprache der Wissenschaft, die Sprache der Mathematik.

Wenn Intelligenz für das Überleben einer Spezies wichtig wäre, meinen Sie nicht, die Fossilienfunde hätten dann viel mehr Hinweise auf intelligentes Leben liefern müssen? Das haben sie aber keineswegs. Nur weil wir ein Merkmal besitzen, heißt das noch lange nicht, dass es ein für das Überleben wichtiges Merkmal ist. Bedenken Sie, dass nach der nächsten globalen Katastrophe die Kakerlaken vermutlich noch da sein werden, genau wie die Ratten, aber wir Menschen sind ausgestorben. Dann hat uns unser schönes Gehirn herzlich wenig gebracht.

Nun, vielleicht gibt uns unsere Intelligenz die Chance, diesem Schicksal zu entrinnen. Es gibt einen Cartoon von Frank Cotham im *New Yorker*. Er zeigt zwei plumpe Dinosaurier, und der eine sagt zum anderen: »Ich sag ja nur, *jetzt* ist der richtige Moment, eine Technologie zur Ablenkung von Asteroiden zu entwickeln.« Wie wir inzwischen wissen, ist zu dem Zeitpunkt längst ein Asteroid unterwegs in Richtung Erde, der den beiden Dinos und ihrer ganzen Art den Garaus machen wird – für immer. Vielleicht können wir unsere Intelligenz dazu nutzen, die natürliche Lebenserwartung unserer Spezies dadurch zu verlängern, dass wir ins All aufbrechen und Asteroiden aus der Bahn werfen, bevor sie uns vernichten – wir müssten eben bereit sein, der NASA das nötige Kleingeld dafür zu spendieren. Das ist aber nicht die einzige Bedrohung. Eine weitere Gefahr ist das Ausbrechen unerwarteter Krankheiten. Sehen Sie sich an, was mit den Ulmen in Amerika passiert ist. Die meisten davon in New England wurden von einem Pilz dahingerafft, der durch den Ulmensplintkäfer verbreitet wird. Stellen Sie sich vor, etwas in der Art würde den Menschen angreifen. Vielleicht genügte schon ein neuer, virulenter Grippevirus, um uns alle auszulöschen – etwas, das so ansteckend ist wie COVID-19, nur viel tödlicher.

Intelligenz ist keine Garantie fürs Überleben. Sehvermögen scheint dagegen ziemlich wichtig zu sein. Sehr viele unterschiedliche Spezies haben durch natürliche Selektion

Sehorgane entwickelt. Das menschliche Auge besitzt keine strukturellen Gemeinsamkeiten mit dem Auge einer Fliege, das wiederum keine strukturellen Gemeinsamkeiten mit dem Auge einer Jakobsmuschel aufweist. Auch wenn es offenbar nur ein einziges Ur-Gen für die Bildung von Augen gibt, entstanden diese völlig unterschiedlichen Arten von Augen auf unterschiedlichen Pfaden der Evolution. Wie sieht es mit der Fähigkeit zur Fortbewegung aus? Ahornbäume haben keine Beine, aber sie bilden Samen mit kleinen Flügeln daran, die der Wind in alle Richtungen trägt. Fortbewegung scheint wichtig zu sein, denn wir können sie in den unterschiedlichsten Erscheinungsformen beobachten: Schlangen gleiten, Hummer gehen, Quallen nutzen einen Strahlantrieb, Bakterien Geißeln. Viele Insekten und die meisten Vögel können fliegen. Menschen gehen, laufen, schwimmen, außerdem haben wir auch noch Autos, Züge, Schiffe, Flugzeuge und Raketen. Wir kommen also wirklich weit herum. Trotzdem sind wir nach wie vor die einzigen Wesen auf dem Planeten, die Algebra beherrschen, und das lässt mich zweifeln, ob Intelligenz wirklich eine unvermeidliche Konsequenz des Lebensbaumes ist. Der Evolutionsbiologe Stephen Jay Gould sieht es offenbar ähnlich. Das alles lässt vermuten, dass f_i ziemlich klein ist. Gehen wir deshalb einmal von $f_i < 0{,}1$ aus, durchaus im Bewusstsein, dass der tatsächliche Wert noch deutlich niedriger sein könnte.

Sobald wir Intelligenz entwickelt haben, wird Technologie möglicherweise eine unausweichliche Folge. Man könnte sogar annehmen, dass $f_c \sim 1$. Wir beherrschen Algebra, wir haben ein wissbegieriges Gehirn, wir haben das Bestreben, uns das Leben zu erleichtern: Wir wollen in Urlaub fahren, Netflix schauen und so weiter. Dergestalt motiviert könnte der Anteil intelligenter Wesen, die Technologie entwickeln, wirklich ziemlich hoch sein. Immerhin hat es die einzige zur Algebra fähige Spezies auch geschafft, Technologie für die Kommunikation über interstellare Entfernungen hinweg zu entwickeln. Wenn es jedoch zutrifft, dass die Technologie den Keim der Selbstauslöschung enthält (etwa durch die Erfindung immer raffinierterer Methoden, sich gegenseitig umzubringen und unseren Planeten zu zerstören), dann macht die Dauer unserer technologischen, kommunizierenden Kultur möglicherweise nur einen kleinen Bruchteil des Alters der Galaxie aus. Im letzten Kapitel wird Rich seine Ansicht begründen, dass die durchschnittliche Lebensdauer von Zivilisationen, die zur Übertragung von Radiowellen in der Lage sind, tendenziell unter 12 000 Jahren betragen dürfte. Wenn wir das durch das Alter der Galaxie dividieren (~ 10 Milliarden Jahre), kommt ein winziger Bruchteil heraus.

Nur zum Spaß – und im Bewusstsein aller Unwägbarkeiten – wollen wir jetzt die Werte, auf die wir gekommen sind, in die Drake-Gleichung einsetzen und unsere Berechnung abschließen:

$$N_c = N_s \times f_{HP} \times f_L \times f_i \times f_c \times (L_c/\text{Alter der Galaxie})$$
$$N_c = 300 \text{ Milliarden} \times (0{,}006) \times (0{,}5) \times (<0{,}1) \times 1$$
$$\times (< 12\,000 \text{ Jahre}/10 \text{ Milliarden Jahre})$$
$$N_c = < 108$$

Wir könnten also davon ausgehen, *bis zu* circa 100 Zivilisationen in der Galaxie finden zu können, die gegenwärtig mit Radiowellen kommunizieren. Unsere größten Radioteleskope können Versionen ihrer selbst – ihre extraterrestrischen Pendants – quer durch die ganze Galaxie aufspüren. Wir haben also eine Chance. Und unsere Suche hat gerade erst begonnen.

Außerdem gibt es noch 50 Millionen weitere Galaxien wie die unsere innerhalb eines Entfernungsradius von 2,5 Milliarden Lichtjahren. Die meisten dieser zahllosen Galaxien sind in der Epoche, in der wir sie sehen – also vor bis zu 2,5 Milliarden Jahren – mindestens 10 Milliarden Jahre alt. Wenn die Erde ein Maßstab für die Entwicklung intelligenten Lebens ist – sofern es sich denn überhaupt entwickelt –, multipliziert sich unser Ergebnis daher mit 50 Millionen, und wir kommen auf *bis zu* 5 Milliarden extragalaktische, Radiowellen übertragende Zivilisationen. Aber diese fernen Galaxien sind in der Tat sehr weit entfernt, deshalb wären Signale von eventuell dort vorhandenen Zivilisationen schwach, verglichen mit denen aus unserer eigenen Galaxie. Das ist der Grund, warum wir in der Regel die Suche nach extraterrestrischen Zivilisationen auf unsere Milchstraße begrenzen.

Dennoch sollten wir auch bei der Suche nach extragalaktischen Zivilisationen am Ball bleiben.

Zum Schluss will ich noch auf einige Vorbehalte gegen die Drake-Gleichung zu sprechen kommen. Die habitable Zone könnte noch schmaler sein, als es einfache Schätzungen vermuten lassen. Wenn die Erde weiter von der Sonne entfernt wäre, als sie es tatsächlich ist, wäre sie kälter, und es gäbe entsprechend mehr Eis an den Polen. Damit wäre die Reflektivität der Erdoberfläche höher, was auf Kosten der Absorption von Sonnenstrahlung ginge, und die Erde würde noch kälter. Das könnte eine unkontrollierte Eiszeit auslösen. Wäre die Erde dagegen näher an der Sonne, würde das Polareis schmelzen, die Reflektivität würde abnehmen, und die Erde würde noch heißer, als sie es durch die größere Nähe zur Sonne ohnehin wäre. Das im Torf gebundene Methan könnte entweichen und den Treibhauseffekt zusätzlich verstärken.

Die Sonne wird im Verlauf ihrer Entwicklung über Milliarden Jahre immer heißer. Um dies auszugleichen, müssen die Treibhauseffekte reduziert werden, oder wir müssen die Reflektivität der Erdoberfläche erhöhen, um im Bereich der Temperaturen zu bleiben, auf den unsere gesamte Zivilisation angewiesen ist. Wenn die Leuchtkraft eines Sterns über die Jahrmilliarden zunimmt, entfernt sich die habitable

Zone immer mehr vom Stern, und ein Planet muss mindestens lange genug in der habitablen Zone bleiben, damit sich intelligentes Leben entwickeln kann.

Auch das Leben selbst kann sich auf das Gleichgewicht auswirken. Wenn es sich bei dem Stern um einen M-Stern der Hauptreihe handelt, der sich innerhalb von 10 Milliarden Jahren kaum verändert, ist der Planet möglicherweise zu Beginn für einfaches Leben bewohnbar, aber wenn das Leben selbst seine Kohlendioxid-, also CO_2-Atmosphäre in eine sauerstoffreiche Atmosphäre verwandelt, wie es bei uns der Fall ist, dann wird der Treibhauseffekt abnehmen, was den Planeten möglicherweise in eine dauerhafte Eiszeit schicken könnte. Das ist ein weiterer Grund, warum M-Sterne möglicherweise für die Entstehung intelligenten Lebens nicht ideal geeignet sind.

Das Leben kann noch auf andere Weise auf die habitable Zone einwirken. Kohlendioxid aus der Atmosphäre kann in Form von Kalziumkarbonat in den Schalen von Meerestieren gebunden und, wenn diese sterben, in Sedimentgestein (Kalkstein) abgelagert werden, was mit einer Reduzierung des Treibhauseffekts einhergeht. Vulkantätigkeit kann CO_2 in die Atmosphäre pumpen, was den Treibhauseffekt verstärkt. Und natürlich können Lebensformen wie der Mensch lange unter der Erde ruhende fossile Brennstoffe wie Öl und Kohle – die Relikte uralter Organismen – ausgraben, verbrennen und damit zusätzlich CO_2 in die Atmosphäre blasen. Schätzungen über die habitable Zone eines Planeten hängen damit sehr stark von seiner Geologie, Klimatologie und Biologie ab, und sogar von der Weisheit der Spezies auf diesem Planeten.

KAPITEL 5

UNSERE MILCHSTRASSE UND IHR SUPERMASSEREICHES SCHWARZES LOCH

Michael A. Strauss

Die meisten Sterne, die Sie mit bloßem Auge sehen können, sind zig, Hunderte oder Tausende Lichtjahre von uns entfernt. Ein kreisförmiges, schwach leuchtendes Lichtband, das wir Milchstraße nennen, fasst den gesamten Himmel ein. Sie können es zumindest erkennen, wenn Sie fernab von den Lichtern der Großstadt in den Nachthimmel schauen. Galileo richtete als Erster ein Teleskop in Richtung Milchstraße und gewann die fundamentale Erkenntnis, dass das Lichtband der Milchstraße aus Myriaden einzelner Sterne besteht.

Im Jahr 1785 zählte William Herschel (der Entdecker des Uranus) die Sterne, die er durch sein Teleskop in verschiedenen Richtungen sehen konnte, und erstellte auf dieser Grundlage eine Karte der Milchstraße. Er kam zu dem Schluss, die Milchstraße habe die Form einer abgeflachten Linse, und wir befänden uns nahe ihres Zentrums.

Der Harvard-Professor Harlow Shapley ging die Sache etwas anders an. Über die ganze Milchstraße verteilt gab es rund 150 Kugelhaufen, Anhäufungen von jeweils bis zu einer Million Sterne. 1918 war Shapley in der Lage, die Entfernung zu diesen Kugelhaufen zu schätzen und auf dieser Basis ihre dreidimensionale Verteilung zu kartieren. Shapley gelangte zu dem Ergebnis, dass das Zentrum dieses Schwarms aus Kugelhaufen (in modernen Dimensionen ausgedrückt) etwa 25 000 Lichtjahre von der Sonne entfernt lag. Die Sonne lag definitiv abseits des Mittelpunkts.

Die Milchstraße ist eine flache, von Sternen bevölkerte Scheibe mit einem Durchmesser von etwa 100 000 Lichtjahren, deren Zentrum ungefähr 25 000 Lichtjahre von der Sonne entfernt ist. Diese Dimensionen sind gewaltig: Ein Lichtjahr entspricht knapp 10 Billionen Kilometern, ein Durchmesser von 100 000 Lichtjahren erscheint uns daher wahrhaft unermesslich groß. Die nächstgelegenen Sterne sind circa 4 Lichtjahre entfernt, oder 4×10^{13} Kilometer. Man müsste 30 Millionen Sonnen nebeneinanderlegen, um von unserer Sonne zum nächstgelegenen Stern zu gelangen.

Verglichen mit den gigantischen Entfernungen von Stern zu Stern sind die Sterne selbst winzige Pünktchen.

Im Verhältnis zu ihrer Breite ist die Milchstraße stark abgeflacht, nämlich nur etwa 1000 Lichtjahre »dick«. Das Sternbild Schütze liegt in Richtung der Mitte der Galaxie. Da sich der Staub des interstellaren Mediums in dieser Scheibe der Milchstraße konzentriert, trübt er ziemlich stark unsere Sicht auf das Zentrum der Milchstraße. Dieser Staub war schuld an Herschels fehlerhafter Schlussfolgerung, wir lägen im Zentrum der Milchstraße. Er hatte nicht bemerkt, dass viele Sterne ungezählt blieben, die in verschiedenen Richtungen hinter diesem Schleier aus Staub verborgen waren. Die Sonne liegt innerhalb der Scheibe der Milchstraße, aber wenn wir darüber und darunter schauen – also den Blick von der Scheibe weg richten –, wie es Shapley bei den Kugelhaufen getan hat, finden wir dort kaum eine nennenswerte Sichttrübung durch Staub. Wir haben also eine recht klare Sicht, nicht nur auf diese Kugelhaufen, sondern auch auf das Universum jenseits unserer Galaxie.

Die Erde und unsere Sonne liegen nahe der mittleren Ebene der Milchstraße. Da die Sterne in der Milchstraße außerdem in der abgeflachten Scheibe stark konzentriert sind, sehen wir die stärkste Zusammenballung von Sternen in einem Band, das sich in einem vollständigen Kreis über die ganze Himmelskugel erstreckt. Zu jedem gegebenen Zeitpunkt können wir nur einen Teil dieses Kreises über dem Horizont sehen; der Rest befindet sich sozusagen unter unseren Füßen, die Sicht darauf verstellt uns die Erdkugel selbst. Von der Nordhalbkugel aus haben wir den besten Blick auf den Teil der Milchstraße, der in der dem Zentrum der Galaxie abgewandten Seite liegt. Da Erde und Sonne weit abseits des Zentrums liegen, befinden sich in dieser Richtung der Milchstraße vergleichsweise wenig Sterne, und wir sehen nur ein recht spärliches Lichtermeer. Von der Südhalbkugel aus blickt man dagegen direkt ins Herz der Milchstraße, und dieser Anblick ist deutlich dramatischer, trotz der durch den Staub bedingten Trübungseffekte. In einer klaren, mondlosen Mainacht in Chile, weit ab von Großstadtlichtern, ist der Ausblick wirklich atemberaubend (s. Abbildung 3). Mit zu meinen schönsten Erinnerungen zählt die Zeit, die ich neben der Frau, die ich später heiratete, mit dem Blick in den Himmel am Cerro Tololo Inter-American Observatory in Chile verbringen durfte, während die Milchstraße über unseren Köpfen ihr spektakuläres Schauspiel zelebrierte.

Wenn wir die Möglichkeit hätten, die Milchstraße direkt von oben von einem Beobachtungsposten in ein paar hunderttausend Lichtjahren Entfernung zu betrachten, sähe sie ähnlich aus wie die künstlerische Darstellung in Abbildung 4. Die Sonne liegt ziemlich genau auf »6 Uhr« in der Abbildung, in einem Spiralarm ungefähr auf halber Strecke zwischen dem Zentrum und dem unteren Rand. Unsere

Galaxie ist eine *Balkenspiralgalaxie*, weil ihre Ausbuchtung (der sogenannte Bulge) länglich und balkenförmig ist. Die Spiralarme setzen an den Enden des Balkens an.

Abbildung 3: Die Milchstraße über dem Cerro Tololo Inter-American Observatory in den chilenischen Anden. Die große Kuppel in der Mitte beherbergt das Victor-Blanco-Teleskop mit 4 Metern Durchmesser. Das Zentrum der Milchstraße ist am rechten Bildrand zu sehen. Die Große und die Kleine Magellansche Wolke, Satellitengalaxien der Milchstraße in rund 150 000 Lichtjahren Entfernung, sind links erkennbar.

Quelle: Roger Smith, AURA, NOAO, NSF

Abbildung 4: Der Blick des Künstlers von oben auf die Milchstraße.

Quelle: NASA Chandra Satellite

Nicht alle Sterne der Milchstraße liegen in der Scheibe und im Bulge. Kugelhaufen verteilen sich – mehr oder weniger kugelförmig – oben und unten über die Ebene der Scheibe hinaus. Außerdem gibt es eine weiträumige, ebenfalls kugelförmige und wesentlich spärlichere Verteilung von Sternen über einen Bereich von 50 000 Lichtjahren von der Mitte der Milchstraße. Diese Sterne bilden den *Halo* unserer Galaxie.

Die Sterne im Balken und vor allem im Halo sind meist ziemlich alt, entstanden vor mehreren Milliarden Jahren. Die heißesten O- und B-Sterne der Hauptreihe mit einer Lebenserwartung von nur einigen Millionen Jahren sind deshalb dort nicht zu finden. Im Halo unserer Galaxie sind seit Jahrmilliarden keine neuen Sterne mehr entstanden. Junge und heiße Sterne finden wir fast ausschließlich in den Spiralarmen der Scheibe, wo sich gegenwärtig die Sternentstehung abspielt.

Die spiralförmige oder an ein Windrad erinnernde Struktur der Scheibe legt den Schluss nahe, dass die ganze Sache sich dreht, und genau dies ist auch der Fall. Die gesamte Scheibe rotiert um ihre Mittelachse, und unsere Sonne bewegt sich auf einer annähernd kreisförmigen Bahn mit einer Geschwindigkeit von 220 Kilometern pro Sekunde. Genau wie die Gravitation der Sonne die Erde auf ihrer jährlichen Umlaufbahn hält, hält auch die gesamte Gravitation aller Sterne in der Milchstraße die Sonne auf einer nahezu perfekten Kreisbahn um das Zentrum der Galaxie. Die Sonne braucht für eine komplette Runde um die Milchstraße 250 Millionen Jahre. Seit der Entstehung der Erde vor 4,6 Milliarden Jahren hat die Sonne also ungefähr 18 Runden um die Galaxie gedreht. Ausgehend von Newtons Gravitationsgesetz, der Entfernung vom Zentrum der Galaxie und der Geschwindigkeit, mit der wir diese umrunden, können wir die Masse der Milchstraße innerhalb des Orbitalradius der Sonne berechnen: Es ist ungefähr das 100-Milliardenfache der Masse unserer Sonne.

Die Milchstraße besteht aus Sternen, deshalb können wir sagen, dass sie ungefähr 100 Milliarden Sterne umfasst, ausgehend von der pauschalen Annahme, dass es sich bei der Sonne um einen durchschnittlichen Stern handelt. Das stimmt allerdings nicht so ganz. Ein typischer Stern in der Milchstraße hat etwas weniger Masse als die Sonne, und dabei haben wir die Sterne, die noch weiter vom Zentrum der Milchstraße entfernt sind als wir selbst, noch gar nicht berücksichtigt. Wir sollten daher eher von 300 Milliarden Sternen in der Milchstraße ausgehen. In seiner klassischen Fernsehserie *Unser Kosmos* sprach Carl Sagan mit seiner markanten Stimme gerne von »billions and billions« oder »Milliarden und Abermilliarden« Sternen, und das war kein bisschen übertrieben. In der Milchstraße gibt es tatsächlich Milliarden und Abermilliarden Sterne – ungefähr 300 Milliarden an der Zahl. Wir haben diese Zahl bereits als Grundannahme für die Drake-Gleichung in Kapitel 4 verwendet.

Die Sterne in der Scheibe der Milchstraße sind allesamt in etwa auf kreisförmigen Bahnen unterwegs. Sterne sind wie Autos auf einer kreisrunden Rennstrecke. Diejenigen auf der Innenbahn überholen die auf den Außenbahnen. Das spiralförmige Muster, das wir sehen, wird von Verkehrsstaus der Sterne auf ihren Kreisbahnen verursacht. Wenn Sie sich auf der Autobahn einem Stau annähern, in dem die Autos immer langsamer fahren, werden auch Sie die Geschwindigkeit drosseln müssen. Am Ende kommen sie durch den Stau hindurch und können dann wieder beschleunigen, sobald die Autos um sie herum ebenfalls beschleunigen. Der Verkehrsstau stellt eine *Dichtewelle* im Muster der Fahrzeuge dar. Die Autos stehen im Stau sehr dicht aneinander – obwohl sich einzelne Autos kontinuierlich durch den Stau bewegen und aus ihm herausfahren. In vergleichbarer Weise stellt eine Spiraldichtewelle in der Galaxie einen Gravitationsstau von Sternen dar, deren Schwerkraft immer weitere Sterne in diesen Stau hineinzieht. Wenn sich die Sterne auf diese Weise zusammenrotten, wird dort auch das interstellare Gas durch die zusätzlichen Gravitationskräfte zusammengezogen, bis es zum Gravitationskollaps von Gaswolken und zur Bildung neuer Sterne kommt. Genau deshalb sind die Spiralarme Bereiche aktiver Sternbildung. Unter den neu entstandenen Sternen sind massereiche, blau leuchtende Sterne, deren Lebensdauer kürzer ist als die Zeit, die sie bräuchten, um aus dem Verkehrsstau im Spiralarm wieder herauszudriften. Deshalb werden die Arme von Spiralgalaxien durch neugeborene blaue Sterne großer Masse hell erleuchtet. Sterne bewegen sich nicht auf Spiralbahnen – vielmehr sind die Spiralarme hell erleuchtet durch die Sternentstehung, welche durch die

Verkehrsstaus von Sternen, die um das Zentrum der Galaxie kreisen, erst ausgelöst wird.

Der soeben geschätzte Wert von 100 Milliarden Sonnenmassen bezieht sich auf den Teil der Milchstraße innerhalb der Sonnenbahn. Die Gravitationskräfte unterschiedlicher Teile der Milchstraße *jenseits* der Kreisbahn der Sonne ziehen uns in entgegengesetzte Richtungen: Materie unmittelbar außerhalb der Sonnenbahn auf unserer Seite der Galaxie zieht uns nach außen, während die Materie außerhalb der Sonnenbahn auf der anderen Seite des galaktischen Zentrums uns nach innen zieht. In der Summe heben sich diese gegensätzlichen Kräfte praktisch auf und haben deshalb keinen unmittelbaren Einfluss auf die Umlaufbahn der Sonne. Für die Sonne kommt es daher nur auf die kollektiven Quellen der Gravitation innerhalb ihres galaktischen Orbits an, die sich (mathematisch) so verhalten, als würden sie sich allesamt im Zentrum befinden.

Dies bedeutet, dass wir anhand der Geschwindigkeiten von Sternen, die weiter draußen in der Milchstraße ihre Bahnen ziehen, die Masse berechnen können, die in diesen größeren Orbits eingeschlossen ist. Wir stellten fest, dass die Masse innerhalb von Radius R mit der Zunahme von R linear zunimmt. Je weiter wir nach außen gehen, desto mehr Masse stellen wir fest. Das ist verwirrend, weil wir in den äußeren Regionen der Milchstraße immer weniger Sterne sehen. Es existiert also ein beträchtlicher Anteil Masse in der Milchstraße jenseits der Kreisbahn unserer Sonne, die nicht in Gestalt von Sternen oder anderen bekannten Objekten am Himmel sichtbar ist. Diesen Anteil bezeichnen wir als *Dunkle Materie.* Wir haben ihre Existenz ausschließlich aus den Auswirkungen ihrer Gravitation auf die Bahnen von Sternen geschlossen.

Wie viel Dunkle Materie gibt es in der Milchstraße? Der allergrößte Teil der Masse in der Milchstraße, etwa 1 Billion Sonnenmassen, liegt in Form Dunkler Materie vor und reicht hinaus bis zu einer Entfernung von rund 250 000 Lichtjahren vom galaktischen Zentrum. Auf die gleiche Masse kommen wir, wenn wir die wechselseitigen Bahnen der Milchstraße und ihrer Nachbargalaxie Andromeda berechnen. Auch hier basiert unsere Berechnung auf Newtons Gravitationsgesetz. Einstmals bewegten sich beide Galaxien im Zuge der allgemeinen Ausdehnung des Universums voneinander weg, inzwischen jedoch stürzen sie mit einer Geschwindigkeit von etwa 100 Kilometern pro Sekunde aufeinander zu – in rund 4,5 Milliarden Jahren werden sie kollidieren.

Der Caltech-Astrophysiker Fritz Zwicky entdeckte im Jahr 1933 als Erster die Dunkle Materie. Damals maß er die Gesamtmasse des Coma-Galaxienhaufens auf der Basis des Radius des Haufens und der Geschwindigkeiten der Einzelgalaxien, die sich im Gravitationsfeld des Haufens insgesamt bewegten. Zwicky kam zu dem Schluss, dass der Haufen deutlich massereicher war als die Summe der Sterne und Gaswolken, die die sichtbaren Einzelgalaxien ausmachten. Den Rest taufte er *Dunkle Materie.* Wie wir im nächsten Kapitel sehen werden, besteht diese Dunkle Materie höchstwahrscheinlich nicht aus gewöhnlichen Atomen, sondern aus Elementarteilchen, die wir noch nicht identifiziert haben.

Eine weitere interessante Form nichtleuchtender Materie in der Milchstraße finden wir unmittelbar in ihrem Zentrum. Mit Infrarotbeobachtungen ist es möglich, den verhüllenden Staub zu durchdringen und Sterne im Zentrum der Galaxie zu zeigen, die sich auf elliptischen Bahnen bewegen. Die Orbits dieser Sterne sind klein, nur etwa 1/100 eines Lichtjahres bei einer Umlaufzeit von vielleicht 10 Jahren. Das Objekt, um das sie kreisen, ist unsichtbar, aber auch hier erlauben uns Newtons Gesetze, auf seine Masse zu schließen: satte 4 Millionen Sonnenmassen. Es ist kleiner als die Sterne, die es umkreisen, und mithin außergewöhnlich dicht – und es ist dunkel. Wie sich zeigt, handelt es sich um ein *supermassereiches Schwarzes Loch,* eines der faszinierendsten Objekte im gesamten Universum. Für diese Entdeckung erhielten Reinhard Genzel und Andrea Ghez 2020 den Nobelpreis für Physik.

Supermassereiche Schwarze Löcher sind die Energielieferanten für *Quasare.* Gas, das direkt in Richtung eines Schwarzen Lochs fällt, wird einfach verschluckt und verschwindet spurlos: Es kommt zur bereits vorhandenen

Masse hinzu, sonst hat es keine Auswirkungen. Allerdings ist es wahrscheinlicher, dass sich das Gas eher seitlich oder spiralförmig in Richtung des Lochs bewegt. Dann stürzt es nicht einfach hinein, sondern umkreist das Schwarze Loch. Analog zu Sternen, die in der Milchstraße ihre Bahn ziehen, ließ sich nachweisen, dass das Gas in der Umgebung des Schwarzen Lochs in einer abgeflachten, rotierenden Scheibe vorliegt. Das Gas, das dem Schwarzen Loch am nächsten liegt, dreht sich mit enormer Geschwindigkeit, ein zumindest ordentlicher Bruchteil der Lichtgeschwindigkeit. Zwischen diesem und dem etwas weiter außen liegenden Gas entsteht durch die unterschiedlichen Geschwindigkeiten Reibung. Diese Reibung kann das Gas gewaltig aufheizen, auf Temperaturen von mehreren hundert Millionen Grad. Heiße Objekte strahlen Energie ab. Während also das Schwarze Loch selbst unsichtbar bleibt, kann das Gas, das es umkreist, eine enorme Leuchtkraft entfalten, bevor es in das Loch hineingezogen wird. Ein Quasar ist ein supermassereiches Schwarzes Loch, umgeben von einer Scheibe gasförmiger Materie, die so heiß glüht, dass sie die gesamte Galaxie überstrahlen kann, in der sie untergebracht ist. Am Ende stürzt das Gas in das Schwarze Loch und reichert dessen Masse noch weiter an. Dieser Akkretionsprozess, der sich über mehrere hundert Millionen Jahre hinzieht, kann dazu führen, dass Schwarze Löcher das Millionenfache, ja sogar Milliardenfache der Masse unserer Sonne ansammeln.

Das Schwarze Loch im Zentrum der Milchstraße ist gegenwärtig nicht von einer solchen gasförmigen Scheibe umgeben, es hält also sozusagen still und leuchtet auch nicht als Quasar. Das Schwarze Loch im Zentrum der Milchstraße hat einen Radius von 12 Millionen Kilometern. Was sich in diesen Radius hineinwagt, kommt nie wieder heraus. Sobald Sie diesen Radius überquert haben, brauchen Sie nur noch 26 Sekunden, dann haben Sie das Zentrum erreicht, wo sie von Gezeitenkräften vermutlich in tausend Stücke gerissen werden. Was genau allerdings in Schwarzen Löchern vor sich geht, bleibt vorerst ein Rätsel und ist ein heiß diskutiertes Thema der Forschung. Manche Physiker glauben, man stirbt augenblicklich, sobald man die Grenze zum Eingang überschreitet. Andere nehmen an, man könnte das Ganze auch überleben und in anderen Universen wieder zum Vorschein kommen. Man könnte sogar in eine im Innern des Schwarzen Lochs gefangene Zeitreiseregion geraten, in der man seinem zukünftigen Selbst begegnen und Hallo sagen kann. Um zu verstehen, was dort wirklich vor sich geht, müssen wir wohl die Gesetze der Quantengravitation verstehen – das heißt, wie sich die Gravitation in mikroskopischem Maßstab verhält. Sie können es also selbst herausfinden, indem Sie hineinspringen. Allerdings werden Sie dann niemals wieder herauskommen und ihren Freunden von Ihren Abenteuern berichten können.

Unser Studium der Milchstraße hat uns bis in die Grenzbereiche der Physik geführt, von der Möglichkeit neuer Elementarteilchen, die die Außenbezirke unserer Galaxie bevölkern, bis hin zu einem supermassereichen Schwarzen Loch, das im Zentrum der Milchstraße lauert. Aber die Milchstraße ist nur eine von vielen hundert Milliarden Galaxien, und wir kommen nun zu der Frage, was uns all diese Galaxien über den Gesamtaufbau des Universums verraten können.

KAPITEL 6

GALAXIEN, DAS SICH AUSDEHNENDE UNIVERSUM UND DER URKNALL

Michael A. Strauss

Die Sterne sind derart weit entfernt, dass sie uns selbst durch moderne Teleskope betrachtet wie unscharfe Lichtpunkte erscheinen. Die Astronomen des 17. Jahrhunderts bemerkten jedoch noch eine Reihe weiterer Objekte am Himmel, die ihnen ausgedehnt und nicht selten verschwommen vorkamen. Sie gaben ihnen die generische Bezeichnung *nebula* (im Plural *nebulae*), abgeleitet vom lateinischen Wort für Dunst oder Wolke. Wir haben in diesem Buch bereits einige Nebel kennengelernt, darunter auch planetarische Nebel, die entstehen, wenn Rote Riesen ihre äußeren Schichten abwerfen; den Orionnebel, eine Region intensiver Sternentstehung, in der das umgebende Gas aufgrund des Lichts heißer, junger Sterne fluoresziert; und sogar dunkle Nebel, das sind die Staubwolken, die das Licht von Sternen im Hintergrund verdecken. Es gibt noch eine weitere Klasse von Nebulae, aufgrund ihrer Form sinnvollerweise *Spiralnebel* genannt. Der bekannteste von ihnen, der Andromedanebel, ist so hell, dass man ihn am dunklen Nachthimmel und abseits der Großstadtlichter sogar mit bloßem Auge sehen kann. Der Astrophysiker Harlow Shapley hielt zu Beginn des 20. Jahrhunderts Spiralnebel für Gaswolken innerhalb unserer heimatlichen Galaxie. Die Milchstraße selbst bietet ebenfalls ein unscharfes Bild. Allerdings war die Spiralform der Milchstraße, die wir im vorigen Kapitel erörtert haben, vor 100 Jahren noch unbekannt. Als Beobachter, die in der Scheibe selbst zu Hause waren, hatten wir damals keine klare Vorstellung von deren dreidimensionaler Struktur. Deshalb fiel es auch schwer, ihre Ähnlichkeit mit dieser größeren Klasse von Objekten zu erkennen. Dennoch hatte der Philosoph Immanuel Kant schon anno 1755 spekuliert, die Spiralnebel könnten andere »Inseluniversen« sein, Objekte also, die so groß waren wie das damals bekannte gesamte Universum – die Milchstraße. Ausgehend von Shapleys Bestimmung der Ausdehnung der Milchstraße und der geringen Winkelgröße der Spiralnebel am Himmel würde dies, wenn Kant recht hatte, auf eine verblüffend, ja geradezu unvorstellbar große Entfernung dieser Spiralnebel hinauslaufen: Millionen, vielleicht zig Millionen Lichtjahre von uns entfernt.

Shapley erschien diese Vorstellung gänzlich unplausibel. Der Astrophysiker, dem wir die Beobachtungen verdanken, welche diese Frage ein für alle Mal beantworteten, war Edwin Hubble.

Das Mount Wilson Observatory, an dem Hubble arbeitete, war oberhalb des Los-Angeles-Beckens gelegen und verfügte über das damals weltgrößte Teleskop – 2,50 Meter im Durchmesser. Als Hubble in den 1920er-Jahren Bilder vom Andromedanebel aufnahm, erkannte er in dem diffusen Licht einzelne Sterne. Genau das Gleiche war Galileo gelungen, als er 300 Jahre zuvor sein primitives Teleskop auf den verschwommenen Bogen der Milchstraße richtete. Auf der Basis wiederholter Beobachtungen des Andromedanebels identifizierte Hubble mehrere Sterne, die periodisch heller und dunkler wurden. Er erkannte darin eine eigene, helligkeitsvariable Sternenkategorie, die Cepheiden. Im Jahr 1912 hatte Henrietta Leavitt, die an der Harvard University arbeitete, einen Zusammenhang zwischen den Helligkeitsperioden eines Cepheidensterns und seiner Leuchtkraft entdeckt. Hubble gelang es, die Perioden dieser Sterne zu messen, mithilfe von Leavitts Erkenntnissen deren intrinsische Leuchtkraft zu berechnen und, anhand der Messung ihrer beobachteten Helligkeit, die Entfernungen dieser

Sterne zu bestimmen. Hubble kam zu einer verblüffenden Schlussfolgerung: Der Andromedanebel wies die damals nahezu unvorstellbare Entfernung von fast 1 Million Lichtjahren auf. Das war deutlich mehr als die bis dahin bekannte Ausdehnung der Milchstraße.

Fotoaufnahmen des Andromedanebels, die weit genauere Ergebnisse liefern als das menschliche Auge allein, ergaben einen Winkeldurchmesser von 2 Grad am Himmel. Ausgehend von der Winkelgröße und der von Hubble berechneten Entfernung musste der tatsächliche Durchmesser etwa 30 000 Lichtjahre betragen. Hubble konnte mithin auf zwei bemerkenswerte Tatsachen schließen: (1) Der Andromedanebel ist ungefähr so groß wie die Milchstraße und (2) Andromeda liegt weit jenseits der Grenzen der Milchstraße.

Darüber hinaus war der Himmel voller weiterer Spiralnebel, deren Winkelgröße und Leuchtkraft deutlich geringer waren als bei Andromeda. Wenn diese mit Andromeda vergleichbar waren, mussten sie noch wesentlich weiter entfernt sein. Das war ein entscheidender historischer Wendepunkt für unser Verständnis des gesamten Kosmos. Kants Hypothese, der zufolge Spiralnebel andere »Inseluniversen« waren, ähnlich groß wie die Milchstraße, war korrekt. Die Grenzen des bekannten Universums hatten sich damit dramatisch ausgeweitet.

Zwei Jahrzehnte danach erkannten die Astrophysiker, dass es noch weitere Klassen variabler Cepheiden am Himmel gab. Als man diesen Umstand angemessen berücksichtigt hatte, stellte sich heraus, dass Hubble die Entfernung zum Andromedanebel sogar noch *unterschätzt* hatte. Heutzutage gehen wir von nahezu 2,5 Millionen Lichtjahren aus. Überdies zeigen moderne digitale Bilder, dass Andromedas lichtschwächere äußere Regionen bis zu einer Winkelgröße von 3 Grad reichen. Aus diesen größeren Werten schließen wir, dass der Durchmesser der Andromeda-Galaxie – ja, wir sprechen heute von einer Galaxie – rund 130 000 Lichtjahre beträgt. Damit ist sie etwas größer als die Milchstraße. Dennoch ging Hubbles Schätzung in die richtige Richtung, und seine Schlussfolgerung, bei Andromeda handele es sich um eine Galaxie wie bei der Milchstraße auch, erwies sich als zutreffend. Selbst eine grobe Schätzung genügte, um die entscheidende Frage zu beantworten.

Nicht alle Galaxien bilden eine abgeflachte Scheibe – manche haben eine abgerundete, elliptische Form und bestehen überwiegend aus alten Sternen; Gaswolken oder Staub gibt es dort kaum. Hubble bezeichnete diese als *elliptische Galaxien.*

Die meisten leuchtstarken Galaxien sind entweder elliptisch oder spiralförmig, andere weisen eine unregelmäßige Form auf, die in keine Kategorie passt. Bei uns heißen sie deshalb *irreguläre Galaxien.* Die Große Magellansche Wolke, eine kleine Satellitengalaxie (14 000 Lichtjahre im Durchmesser), die die Milchstraße in einer Entfernung von

160 000 Lichtjahren umkreist, zählt zu dieser Kategorie. In Abbildung 3 (s. Seite 109) ist sie am linken Bildrand zu sehen, gleich neben der Kuppel des Observatoriums. Sie ist uns so nahe, dass wir sie mühelos mit bloßem Auge sehen können.

Gegenwärtig stürzen die Milchstraße und die Andromeda-Galaxie unter dem Einfluss ihrer wechselseitigen Gravitationsanziehung aufeinander zu. Wenn sie in ungefähr 4,5 Milliarden Jahren zusammenstoßen, wird der riesige leere Raum zwischen den Sternen dafür sorgen, dass die Galaxien sozusagen durcheinander hindurchgleiten und die dazugehörigen Sterne aneinander vorbeidriften, anstatt zu kollidieren. Wenn sich die Galaxien dann in einigen weiteren hundert Millionen Jahren in ihrer Lage beruhigen, gehen wir davon aus, dass sie zu einer elliptischen Galaxie verschmelzen. Die Sterne in elliptischen Galaxien sind tendenziell älter als diejenigen in Spiralgalaxien, was darauf schließen lässt, dass die meisten elliptischen Galaxien in der Geschichte des Universums früher entstanden sind. Die Ausbuchtungen von Spiralgalaxien weisen zahlreiche Gemeinsamkeiten mit elliptischen Galaxien auf, was wiederum den Schluss nahelegt, dass sie auf ähnliche Weise entstanden sind. Gaswolken, die später auf eine bereits geformte elliptische Galaxie treffen, können sich abkühlen, bevor sie Zeit und Gelegenheit hatten, Sterne zu bilden. Die Abkühlung des Gases geht mit Energieverlust einher, der Drehimpuls bleibt allerdings erhalten. Dies kann dazu führen, dass sich eine dünne rotierende Scheibe bildet. Aus diesem Prozess könnte eine Spiralgalaxie mit einem elliptischen Bulge hervorgehen. Die Details dieses Vorgangs sind bisher kaum erforscht und werden in der Wissenschaft heiß diskutiert.

Aufnahmen mit sehr langen Belichtungszeiten mit dem Hubble-Weltraumteleskop zeigen 10 000 leuchtschwache, weit entfernte Galaxien in einer winzigen und langweiligen Himmelsregion, die nur etwa 1 Prozent der Fläche des Vollmonds ausmacht, also etwa 1/26-Millionstel des Himmels insgesamt. Da wir keinen Grund zu der Annahme haben, dieser Fleck des Weltalls wäre irgendwie ungewöhnlich, schätzen wir, dass die Anzahl der am gesamten Himmel sichtbaren Galaxien das 26-Millionenfache dessen beträgt, was wir an dieser Stelle beobachten. Dies bedeutet, dass 260 Milliarden Galaxien innerhalb der Reichweite des Hubble-Weltraumteleskops liegen. Jeder dieser kaum aufgelösten Lichtpunkte ist eine Galaxie, so groß wie die Milchstraße und mit jeweils circa 100 Milliarden Sternen besetzt. Bei 10^{11} Sternen in jeder der mehr als 10^{11} Galaxien gehen wir davon aus, dass das beobachtbare Universum mindestens 10^{22} Sterne umfasst. Neil hat uns bereits in Kapitel 1 mit dieser Zahl in Staunen versetzt. Hier sehen wir, wo diese Zahl herkommt.

Um das Jahr 1915 begannen Astrophysiker mit dem Messen der Spektren von Galaxien. Dafür brauchte es Belichtungszeiten von mehreren Stunden. Diese ersten Spektren zeigten die gleichen Eigenschaften, die auch G- und K-Sterne besitzen, was bedeutete, dass Galaxien aus Sternen bestehen. Edwin Hubble zog den gleichen Schluss, als er ein Jahrzehnt später auf seinen Fotos des Andromedanebels einzelne Sterne analysierte. Auf jemanden, der das Studium der Spektren gewöhnlicher Sterne gewohnt ist, wirkten die Spektren der Galaxien angenehm vertraut. Rasch erkannten die Astrophysiker allerdings einen wichtigen Unterschied. Die Spektraleigenschaften von Elementen wie Kalzium, Magnesium und Natrium lagen auf Wellenlängen, die sich von den aus den Sternen der Milchstraße oder aus dem Labor bekannten Werten leicht unterschieden. In der Regel waren alle Spektrallinien einer einzelnen Galaxie systematisch zur roten Seite des Spektrums hin verschoben. Dieses Phänomen nennen wir *Rotverschiebung*.

Was es mit der Rotverschiebung auf sich hat, verstehen wir, wenn wir uns an eine verkehrsreiche Straße stellen und genau hinhören, wenn ein Motorrad vorbeifährt. Während es auf uns zukommt, hören wir einen ziemlich hohen Heulton. Wenn uns das Motorrad passiert, wird das Geräusch deutlich tiefer und bleibt auf dieser tieferen Tonhöhe, wenn sich das Gefährt weiter entfernt.

Das Geräusch des Motorrads ist eine Druckwelle in der Luft, die genau wie das Licht eine bestimmte Wellenlänge und Frequenz aufweist. Je höher die Frequenz (und je kürzer die Wellenlänge), desto höher ist der vom Gehör wahrgenommene Ton. Das herannahende Motorrad sendet eine Folge von Wellenbergen aus, deren Abstand zueinander sich durch die Annäherung verkürzt, wodurch ein höherer Ton entsteht. Umgekehrt werden die Schallwellen des sich entfernenden Motorrads in die Länge gezogen, das heißt, ihr Abstand zueinander wird größer und der wahrgenommene Ton tiefer. Dieser Effekt, den Christian Doppler im Jahr 1842 beschrieb, funktioniert bei Lichtwellen genauso wie bei Klangwellen: Die Bewegung eines weit entfernten Objekts wie eines Sterns oder einer Galaxie prägt sich den Bestandteilen seines Spektrums als systematische Verschiebung ihrer Wellenlängen auf.

Galaxien besitzen spezifische, in der Tat sogar einzigartige Spektraleigenschaften, die ihrer exakten chemisch-elementaren Zusammensetzung entsprechen. Die Differenz zwischen den Wellenlängen dieser Elemente in einer bestimmten Galaxie und in unseren Messwerten für die gleichen Elemente im Labor liefert uns, als Dopplerverschiebung interpretiert, Informationen über die Geschwindigkeit, mit der sich die Galaxie relativ zu uns bewegt.

Bis zum Jahr 1915 hatte Vesto Slipher am Lowell-Observatorium (wo später Pluto entdeckt wurde) die Dopplerverschiebung von 15 Galaxien gemessen. Andromeda und zwei weitere Galaxien zeigten eine Blauverschiebung, das heißt, diese bewegten sich auf uns zu. Bei ausnahmslos allen anderen stellte er eine Rotverschiebung fest, sie bewegten sich also von uns weg. Inzwischen haben Astronomen aus aller Welt die Spektren von Millionen Galaxien vermessen: Von einer Handvoll Ausnahmen (wie Andromeda) abgesehen zeigen alle eine Rotverschiebung. Wir folgern daraus, dass sich fast alle Galaxien im Universum immer weiter von der Milchstraße entfernen. Nehmen wir eine Sonderstellung ein, in der Mitte der Bewegung all dieser Galaxien? Was ist da wirklich los? Abermals verdanken wir Edwin Hubble die entscheidenden Messungen.

Nachdem er anhand der Cepheiden die Entfernung des Andromedanebels gemessen hatte, setzte er seine Bemühungen an anderen Galaxien fort, deren Entfernung er anhand verschiedener Schätzungen ermittelte. Anschließend fertigte er ein einfaches Diagramm an, in dem er einen Bezug zwischen Entfernungen und Geschwindigkeiten dieser Galaxien herstellte. Dabei erkannte er einen Trend: Je größer die Entfernung der Galaxie, desto höher war die Geschwindigkeit, mit der sie sich entfernte. Trotz erheblicher messtechnischer Unsicherheitsfaktoren gelangte er zu dem Schluss, dass die Geschwindigkeit v und die Entfernung d offenbar proportional zueinander waren. Geschwindigkeit v war gleich der Entfernung d multipliziert mit einer Konstante, die heute ihm zu Ehren *Hubble-Konstante* heißt. Die Hubble-Konstante ist tatsächlich zu jedem gegebenen Zeitpunkt im gesamten Universum konstant, verändert sich allerdings im Lauf der kosmischen Evolution. Die Größe H_0

bezeichnet den gegenwärtigen Wert der Hubble-Konstante. Diese Proportionalität zwischen Geschwindigkeit und Entfernung wurde schon bald zum sogenannten *Hubble-Gesetz*.

Hubbles erstes Diagramm von 1929 erfasste nur Galaxien bis zu einer Geschwindigkeit v von etwa 1000 Kilometern pro Sekunde. Das entspricht nach modernen Maßstäben einer Entfernung von etwa 50 Millionen Lichtjahren. 1931 hatten Hubble und sein Kollege Milton Humason das Diagramm deutlich erweitert – es erfasste nun auch Galaxien mit einer »Fluchtgeschwindigkeit« von 20 000 Kilometern pro Sekunde. Damit war die Sache entschieden.

Trifft es wirklich zu, dass die Milchstraße eine Sonderstellung im Universum einnimmt? Eine Position, von der ausgehend alle anderen Galaxien auseinanderdriften? Eine solche Vorstellung widerspräche einem Grundsatz, dem wir bereits verschiedentlich begegnet sind: dem *Kopernikanischen Prinzip*. Diesem zufolge nimmt die Erde keine Sonderstellung im Universum ein. Für Ptolemäus und seine Zeitgenossen war die Erde der Mittelpunkt des Universums – wie hätten sie es auch anders sehen sollen? Kopernikus jedoch bewies, dass sich die Erde um die Sonne dreht. Dann lernten wir, dass die Sonne nur ein gewöhnlicher Stern der Hauptreihe ist, und auch wenn die Astrophysiker zunächst glaubten, die Sonne befände sich an einem besonderen Punkt nahe dem Zentrum der Milchstraße, bewiesen Shapleys genauere Untersuchungen, dass die Sonne in Wirklichkeit etwa auf halber

Strecke zwischen dem Zentrum und dem äußeren Rand der Milchstraße liegt.

Das Hubble-Gesetz, $v = H_0 d$, besagt, dass die Hubble-Konstante H_0 die physikalische Einheit einer Geschwindigkeit v hat (üblicherweise in km/s – Kilometer pro Sekunde – angegeben), geteilt durch die Entfernung d (üblicherweise gemessen in Megaparsec, Mpcs = Millionen Parsec). 1 Megaparsec entspricht gerade 3,26 Millionen Lichtjahren. Gemäß den verlässlichsten heutigen Schätzungen liegt der Wert der Hubble-Konstante bei $H_0 = 67 \pm 1$ (km/s)/Mpc.

Die Hubble-Ausdehnung des Universums gilt nur im Maßstab der Entfernungen zwischen Galaxien. Stellen Sie sich Cent-Münzen vor, die auf die Oberfläche eines Luftballons geklebt sind. Wenn wir das Universum (den Ballon) weiter aufpumpen, dehnen sich die Galaxien selbst (die Münzen) nicht aus, nur die Entfernung zwischen den einzelnen Münzen nimmt zu. Objekte, die von der Gravitation oder anderen Kräften zusammengehalten werden – zu diesen Objekten zählen auch einzelne Galaxien, einzelne Sterne und Planeten und sogar wir selbst –, dehnen sich nicht aus. Tatsächlich sind die Milchstraße und die Andromedagalaxie durch die Gravitation sogar aneinander gebunden. Deshalb driften sie nicht auseinander, sondern fallen aufeinander zu. Im Großen und Ganzen jedoch bewegen sich die Galaxien, wie die Münzen auf unserem Ballon, voneinander weg. Die Messergebnisse der Rotverschiebung scheinen auf den ersten Blick der Milchstraße eine Sonderstellung gegenüber anderen Galaxien einzuräumen – eine Stellung im Zentrum der Expansion. Aber so verhält es sich nicht. Aus der Perspektive jeder beliebigen Münze auf dem Ballon betrachtet sind alle anderen Münzen auf dem Rückzug, sie entfernen sich. Auf der Oberfläche des Ballons gibt es kein Zentrum der Ausdehnung. Es gibt keinen Mittelpunkt der Ausdehnung des Universums.

Wenn das Universum jetzt expandiert, dann müssen die Galaxien früher näher beieinander gelegen haben. Eine Galaxie, die die Entfernung d zu uns aufweist, bewegt sich mit der Geschwindigkeit H_0d von uns weg. Unter der groben Voraussetzung, dass diese Geschwindigkeit über die Zeit konstant bleibt, können wir fragen, wie lange es dauert, bis diese Galaxie die Entfernung d zurückgelegt hat. Anders gefragt: Wie lange ist es her, dass sich jene Galaxie genau am gleichen Ort befand wie unsere eigene? Die Antwort erhalten wir, wenn wir ihre Entfernung (d) durch die Geschwindigkeit teilen (also H_0d gemäß Hubbles Gesetz), oder vor einer Zeit von ($1/H_0d$), und wir kommen auf 14,6 Milliarden Jahre. Wie sich herausstellt, lässt sich der Wert d aus der Gleichung herauskürzen, also wird eine Galaxie unabhängig davon, wie weit sie heute entfernt ist, wenn wir in der Zeit rückwärtsgehen, immer zum gleichen Zeitpunkt in der Vergangenheit auf die unsere treffen. Wenn wir die gegenwärtige Ausdehnung des Universums rückwärts, also in die Vergangenheit extrapolieren, stellen wir fest, dass alle Galaxien (die Münzen auf unserem Ballon) an einem einzigen Punkt zusammenfallen, und diesen Punkt bezeichnen wir als Urknall – oder *Big Bang*, der von Fred Hoyle Ende der 1940er-Jahre geprägte und ursprünglich eher abfällig gemeinte Begriff. Damit erlaubt uns die Hubble-Konstante Rückschlüsse auf das Alter des Universums.

Diese Berechnung der seit dem Urknall verstrichenen Zeit geht von einer konstanten Geschwindigkeit jeder Galaxie aus. Der modernere Wert, dem eine noch präzisere Berechnung zugrunde liegt, weicht nur geringfügig davon ab: ungefähr 13,8 Milliarden Jahre. Das ist nur wenig mehr als das Alter der ältesten Kugelhaufen – diese sind zwischen 12 und 13 Milliarden Jahre alt.

Da das Universum nur 13,8 Milliarden Jahre alt ist, können wir aufgrund der finiten Lichtgeschwindigkeit nur eine finite Entfernung weit ins Universum blicken. Das Licht der fernsten Materie, das wir heute sehen können, ist seit 13,8 Milliarden Jahren mit Lichtgeschwindigkeit zu uns unterwegs. Es hat daher im sich stetig ausdehnenden Raum zwischen der betreffenden Materie und unserem Auge auch nur 13,8 Milliarden Lichtjahre an Entfernung zurückgelegt. Aber wir sehen diese Materie in der Vergangenheit – dort, wo sie einst war. Wo ist sie jetzt? Die zwischenzeitliche weitere Ausdehnung des Universums hat diese Materie (die sich inzwischen zu Galaxien geformt hat) in eine Entfernung von gegenwärtig 45 Milliarden Lichtjahren von uns getragen. Dies stellt die Grenze des gegenwärtig beobachtbaren Universums dar. Jenseits davon liegen weitere, noch fernere Galaxien, von denen niemals Photonen bis zu uns gelangt sind. Der Raum zwischen diesen Galaxien und uns expandiert schlicht so rasch, dass ihr Licht noch nicht die Zeit hatte, diesen Raum zu durchqueren. Wir rechnen deshalb mit noch vielen weiteren Galaxien irgendwo da draußen, jenseits der sichtbaren Grenzen des Universums.

1948 fragten sich George Gamow und Ralph Alpher, wie das Universum in seinen allerersten Momenten wohl ausgesehen hatte. Sie kamen zu dem Schluss, das Universum müsse ganz kurz nach dem Urknall komprimiert und daher sehr heiß gewesen sein, angefüllt mit der Art von Glühen, die heiße Dinge üblicherweise emittieren – Wärmestrahlung also. Mit der Ausdehnung des Universums kühlt sich diese Strahlung allmählich ab.

Während das Universum expandiert wie ein Ballon, nimmt sein Umfang natürlich zu. Stellen Sie sich eine Lichtwelle vor, die auf diesem Umfang gegen den Uhrzeigersinn kreist. Angenommen, zwölf Wellenberge verteilen sich gleichmäßig über den Umfang des expandierenden Ballons, wie zwölf Rennwagen auf einer kreisförmigen Rennstrecke. Während der Umfang des Ballons immer weiter wächst, sind die Autos alle mit derselben Geschwindigkeit unterwegs – mit Lichtgeschwindigkeit. Wenn am Anfang der Abstand jedes Rennwagens von demjenigen vor ihm 1/12 des Äquators unseres Ballons beträgt, bleibt die gleichmäßige Verteilung der Wagen über den Äquator auch bei Ausdehnung des Ballons erhalten. Alle Autos fahren gleich schnell, können also jeweils weder den Wagen vor sich einholen noch von dem dahinter überholt werden. Wenn die Autos (denken Sie an Wellenberge) über den Äquator gleichmäßig verteilt bleiben, während der Umfang des Äquators zunimmt, muss auch der Abstand zwischen den Autos wachsen. Wenn sich also der Umfang des Universums verdoppelt, verdoppelt sich auch der Abstand zwischen den Wellenbergen der Lichtwellen. Dies erklärt die Rotverschiebung des Lichts bei expandierendem Universum: Sie ist eine Folge der Streckung des Raums. Diese Rotverschiebung bedeutet, dass die heiße thermische Strahlung im frühen Universum mit der Expansion des Universums zu höheren Wellenlängen gedehnt wird.

Stellen Sie den Schalter an Ihrem Elektroherd auf die höchste Stufe, und die Herdplatte wird rotglühend, bei Temperaturen bis zu 700 K. Die Heizspiralen emittieren Wärmestrahlung mit dieser Temperatur, die höchste Emission bei einer Wellenlänge von 4 Mikron (4 Millionstel Meter oder Mikrometer) – diese Wellenlänge liegt klar im Infrarotbereich des Spektrums. Die Energie wird größtenteils in Form von Wärme abgegeben. Wenn Sie die Hände über die Herdplatte halten, spüren Sie die Wärme dieser Infrarotstrahlung (bitte niemals die Herdplatte berühren!). Das Spektrum dieser Wärmestrahlung wurde von Max Planck erforscht, dem Vater der Quantenphysik. Einstein zeigte aufbauend auf Plancks Erkenntnissen, dass Licht in separaten Energiepaketen transportiert wird, proportional zur Frequenz des Lichts. Diese Pakete heißen *Photonen.* Die Planck'sche Verteilung verrät uns, dass die Wellenlänge der stärksten Emission umgekehrt proportional zur Temperatur ist. Wenn das Universum um den Faktor 10 expandiert, stellt sich bei der thermischen Strahlung im Universum eine Rotverschiebung um den Faktor 10 in Richtung höherer Wellenlängen ein. Wenn das Universum zu Beginn eine Strahlung aussendet, die für eine bestimmte Temperatur charakteristisch ist, wird sich das Universum nach einer Ausdehnung um den Faktor 10 auf 1/10 dieser Temperatur abgekühlt haben.

Beginnen wir unsere Geschichte des expandierenden Universums ungefähr eine Sekunde nach dem Urknall. (Keine Sorge: Auf das Geschehen davor kommen wir im nächsten Kapitel zu sprechen.) Im »Alter« von einer Sekunde war das Universum unfassbar heiß, etwa 10^{10} K (10 Milliarden Kelvin), und die Dichte der Materie war vernachlässigbar, jedenfalls im Vergleich zur Energiedichte all dieser Strahlung. Es gab noch keine Galaxien, Sterne und Planeten, und es war viel zu heiß, als dass sich Atome oder Moleküle oder auch nur Atomkerne hätten bilden können. Zu diesem Zeitpunkt bestand die Materie des Universums aus Elektronen,

Positronen (Anti-Elektronen), Protonen, Neutronen, Neutrinos und natürlich jeder Menge thermischer Strahlung (also Photonen). Und wenn Dunkle Materie, wie man gegenwärtig annimmt, aus noch unentdeckten Elementarteilchen besteht, wäre davon auszugehen, dass diese Elementarteilchen auch schon zu jenem Zeitpunkt in großer Zahl im Universum vorhanden waren.

Zweieinhalb Minuten später hat sich das Universum ausgedehnt und auf »nur noch« 1 Milliarde Kelvin abgekühlt. Zu diesem Zeitpunkt erreicht das thermische Spektrum der Photonen seine Spitze in Gammastrahlen. 1 Milliarde Kelvin ist »kühl« genug, um Kernfusionsreaktionen zuzulassen, in denen Neutronen und Protonen zusammenhaften können. Wie wir gesehen haben, verschmelzen in der Sonne Protonen bei hohen Temperaturen und Dichten zu Heliumkernen. Im Zentrum von Sternen wie der Sonne dauert es Milliarden Jahre, bis 10 Prozent des Wasserstoffs in Helium verwandelt sind. Die Kernreaktionen im frühen Universum laufen deutlich schneller ab, weil sowohl freie Neutronen als auch Protonen vorhanden sind. Wie zuvor gesehen, erfordern Proton-Proton-Kollisionen eine hohe Energie, da beide Protonen positiv geladen sind, sich also gegenseitig abstoßen, weshalb echte Kollisionen selten sind. Neutronen sind elektrisch neutral und werden von Protonen nicht abgestoßen, deshalb treten Neutron-Proton-Kollisionen deutlich häufiger auf. Die Fusion auf dem Weg zur Heliumerzeugung kann sich durch Hinzufügen von Neutronen zu Protonen vollziehen. Auf diese Weise können die langsamen ersten Schritte des solaren Kernfusionsprozesses übergangen werden (bei dem Protonen kollidieren und die Nuklei von Deuterium-Atomen bilden).

Protonen und Neutronen können sich ineinander verwandeln. Ein Neutron plus ein Positron können sich zu einem Proton plus einem Anti-Neutrino verbinden und umgekehrt. Ein Neutron und ein Neutrino können sich zu einem Proton plus einem Elektron verbinden, und umgekehrt. Und ein Neutron kann zu einem Proton zerfallen, indem es ein Elektron und ein Anti-Neutrino emittiert. Wenn das Universum ungefähr eine Sekunde alt ist, beträgt die Temperatur circa 10 Milliarden Kelvin, und die beschriebenen Prozesse befinden sich in etwa im Gleichgewicht. Bis zu dem Zeitpunkt, an dem sich das Universum im Lauf seiner Expansion auf 1 Milliarde Kelvin abgekühlt hat, verändert sich diese Balance, sodass mehr Neutronen in leichtere Protonen umgewandelt werden – auf jedes Neutron kommen dann sieben Protonen. Inzwischen hat sich das Universum so weit abgekühlt, dass ein Neutron und ein Proton kollidieren, aneinander haften bleiben und ein *Deuteron* bilden können, den Kern von schwerem Wasserstoff – Deuterium. Ein Deuteron kann danach an weiteren Kernreaktionen beteiligt sein, bei denen ein Heliumkern (zwei Neutronen und zwei Protonen) entsteht. Schon nach wenigen Minuten haben diese Kernfusionsprozesse jedes einzelne Neutron in einen Heliumkern integriert, und inzwischen hat sich das Universum so weit abgekühlt und ausgedünnt, dass diese Kernreaktionen aufhören.

Wie viele Heliumkerne entstehen dabei? Jeder Heliumkern hat zwei Neutronen. Bei einem Neutron-Proton-Verhältnis von 1:7 sind diese zwei Neutronen mit 14 Protonen gepaart. Zwei dieser Protonen befinden sich auch im Heliumkern, es bleiben also zwölf Protonen übrig. Daraus geht hervor, dass je zwölf Protonen ein Heliumkern entsteht (diese zwölf Protonen sind natürlich Wasserstoffkerne). Nach diesen ersten Minuten sind Dichte und Temperatur des Universums so weit gesunken, dass keine weiteren Nuklearreaktionen mehr möglich sind. Beim Urknall werden mithin eine Menge Heliumkerne gebildet, dazu kleine Mengen übriggebliebener Deuteronen, Lithium- und Berylliumkerne (Letztere zerfallen zu Lithium), aber keine schwereren Elemente.

Diese grundlegende Berechnung – kompliziert, aber durchaus nachvollziehbar – stellten erstmals George Gamow und Ralph Alpher im Jahr 1948 an. Ein Heliumkern pro zwölf Wasserstoffkerne stellt eine sehr gute Übereinstimmung mit den Ergebnissen dar, die auf die Arbeit von Cecilia Payne-Gaposchkin zurückgehen, der zufolge Sterne zu etwa 90 Prozent aus Wasserstoff und zu 8 Prozent aus Helium bestehen. Damit liefern uns unsere Vorhersagen der Bedingungen, die im Universum wenige Minuten nach dem Urknall herrschten, eine grundlegende Erklärung dafür, dass Wasserstoff und Helium die häufigsten Elemente im Universum sind, und warum sie in den Anteilen vorliegen, die wir registrieren. Dieser erstaunliche Erfolg des Urknallmodells liefert uns wiederum eine starke Rechtfertigung dafür, die Ausdehnung des Universums zeitlich rückwärts bis wenige Minuten nach dem Urknall zu extrapolieren.

Ursprünglich hofften Gamow und Alpher, den Ursprung aller Elemente auf den Urknall zurückführen zu können. Ihre Berechnungen zeigten jedoch, dass diese ersten Kernreaktionen nur die leichtesten Elemente hervorbringen konnten. Alle schweren Elemente (auch der Kohlenstoff, Stickstoff und Sauerstoff in unserem Körper, sowie Nickel, Eisen und Silizium, die für die Zusammensetzung der Erde von Bedeutung sind), entstanden erst später durch Kernreaktionsprozesse im Innern von Sternen, wie in Kapitel 4 beschrieben. Fred Hoyle, ein Rivale Gamows, hoffte, das exakte Gegenteil beweisen zu können: dass nämlich die schweren wie die leichten Elemente in der nuklearen »Küche« der Zentren von Sternen aus Wasserstoff entstehen konnten, ohne dass es dafür einer heißen und dichten Frühphase in der Geschichte des Universums bedurfte. Hoyle widmete einen Großteil seiner wissenschaftlichen Karriere dem Bemühen, diesen Beweis zu führen. Wir verdanken ihm wesentliche Erkenntnisse über die Entstehung schwerer Elemente in Sternen. Aber die Menge des Heliums, das in den Sternen erzeugt wird, genügt nicht annähernd, um die Menge zu erklären, die wir tatsächlich beobachten.

Die Tatsache, dass wir heute auch etwas Deuterium im Universum sehen, weist ebenfalls auf den Urknall als Ausgangspunkt hin. Deuterium ist instabil und wird in den Kernzonen der Sterne zu Helium verschmolzen, es wird dort aber nicht erzeugt: Die Sterne können das nicht. Die einzige uns bekannte Möglichkeit, wie dieses Deuterium entstanden sein kann, ist der Urknall, und die Menge Deuterium, die in diesen ersten Minuten erzeugt wurde – ein Deuteriumkern auf 40 000 gewöhnliche Wasserstoffkerne – deckt sich hervorragend mit den beobachteten Werten. Für Gamow war die beobachtete kosmische Häufigkeit von Deuterium ein eindeutiges Indiz für die Richtigkeit der Urknalltheorie.

Während sich das Universum weiter abkühlt, verändert sich seine Zusammensetzung in den nächsten 380 000 Jahren so gut wie gar nicht.

Bis zu diesem Punkt ist das Material des Universums ein *Plasma*, wie das glühende Innere der Sterne. In einem Plasma sind die Atomkerne und die Elektronen nicht aneinander gebunden, sondern bewegen sich unabhängig voneinander. Wird ein Elektron kurzzeitig von einem Proton eingefangen, wodurch ein neutrales Wasserstoffatom entsteht, wird es rasch wieder von einem der vorhandenen schnellen und energiereichen Photonen angestoßen und von seinem Proton getrennt. Da Photonen überdies so stark mit freien

Elektronen interagieren, kommt dieses Photon ohnehin nicht weit, bevor es mit dem nächsten Elektron kollidiert und in eine andere Richtung abprallt (oder *streut*). Daraus ergibt sich, dass das Universum damals undurchsichtig war: Es ähnelte ein wenig dichtem Nebel, in dem man kaum die Hand vor Augen sieht.

Das Bild verändert sich drastisch, als die Temperatur auf unter 3000 K sinkt. Dieser Moment, den wir als *Rekombination* bezeichnen, liegt ungefähr 380 000 Jahre nach dem Urknall. Die Photonen haben nun nicht mehr genug Energie, um Protonen und Elektronen daran zu hindern, neue Verbindungen einzugehen, deshalb entstehen zu dieser Zeit neutrale Atome. Neutraler Wasserstoff streut Photonen weit schwächer als einzelne freie Elektronen, und urplötzlich wird das Universum durchsichtig: Der Nebel hat sich gelichtet. Die Photonen können jetzt auf gerader Bahn quer durch den größten Teil des Universums reisen.

Das legt nahe, dass wir im Universum von heute in der Lage sein müssten, jene Photonen zu sehen, die ungehindert auf uns zu strömen, seit das Universum durchsichtig wurde, also 380 000 Jahre nach dem Urknall. Diese Photonen müssten aus allen Himmelsrichtungen kommen. In jeder Richtung, in die wir blicken, befindet sich somit Materie in genau der Entfernung zu uns, die nötig ist, damit die Photonen, die dort 380 000 Jahre nach dem Urknall emittiert wurden, exakt heute bei uns eintreffen.

Diese Photonen werden von Gas bei einer Temperatur von 3000 K emittiert und müssten daher ein entsprechendes Wärmespektrum aufweisen. Die Intensität dieses Spektrums erreicht bei einer Wellenlänge von circa 1 Mikron (10^{-6} Meter) ihr Maximum, also im Infrarotbereich. Wir müssen jedoch bedenken, dass sich das Universum ausdehnt. Folglich gibt es bei diesen 3000 K eine Rotverschiebung. Das Universum hat sich seit dem Alter von 380 000 Jahren bis heute, 13,8 Milliarden Jahre später, ungefähr um den Faktor 1000 ausgedehnt. Die Wellenlänge der Strahlung wird um den gleichen Faktor gedehnt wie der Raum selbst. Im Ergebnis liegt die maximale Wellenlänge der thermischen Strahlung heute bei 1 Millimeter – wir sind im Mikrowellenbereich. Wenn die maximale Wellenlänge um den Faktor 1000 zugenommen hat, dann ist die Temperatur um den gleichen Faktor zurückgegangen, was bedeutet, dass wir diese thermische Strahlung heute aus allen Richtungen mit einer Temperatur von etwa 3 K auf uns zukommen sehen müssten.

1948 sagten Ralph Alpher und Robert Herman – beide waren Studenten Gamows – voraus, dass das heutige Universum noch immer von der thermischen Strahlung erfüllt sein müsste, die ein Überbleibsel des Urknalls ist. Nach ihrer Berechnung musste die Temperatur inzwischen auf ungefähr 5 K gefallen sein.

In den 1960er-Jahren war die Vorhersage Hermans und Alphers weitgehend in Vergessenheit geraten. Das änderte sich jedoch 1965, als zwei Wissenschaftler der Bell Laboratories, Arno Penzias und Robert Wilson, just die kosmische Mikrowellen-Hintergrundstrahlung (CMB, für *Cosmic Microwave Background*) entdeckten, die Herman und Alpher vorhergesagt hatten. Penzias und Wilson gaben in ihrem ersten Artikel eine Temperatur von 3,5 K an (spätere präzisere Messungen korrigierten diesen Wert auf 2,725 K). Die Entdeckung der kosmischen Hintergrundstrahlung überzeugte die wissenschaftliche Gemeinschaft der Astronomie davon, dass das Urknallmodell korrekt war. Die Vorhersage Gamows und Alphers zur Existenz der kosmischen Hintergrundstrahlung sowie Alphers und Hermans Schätzung von deren Temperatur auf etwa 5 K bilden zusammen eine der bemerkenswertesten Prognosen in der Geschichte der Wissenschaft, die in der Folge als zutreffend bestätigt wurden. Penzias und Wilson bekamen für diese Entdeckung 1978 den Nobelpreis für Physik.

David Wilkinson (sozusagen mein akademischer Großvater – er war der Doktorvater meines Doktorvaters) gehörte zur wissenschaftlichen Leitung des NASA-Satelliten Cosmic Background Explorer (COBE), der die Aufgabe hatte, das CMB-Spektrum genauestens zu vermessen. Es wurde ein spektakulärer Erfolg. Das von COBE gemessene CMB-Spektrum folgte exakt der Planck-Formel über die thermische Strahlung.

Wilkinson nahm sich noch eine weitere große Frage vor: Wie gleichförmig ist die CMB, oder konkreter, weist sie in allen Richtungen die gleiche Intensität auf (beziehungsweise die gleiche Temperatur, was auf dasselbe hinausläuft)?

Ein absolut gleichförmiges Universum wird sich auch gleichförmig ausdehnen, und es würden sich keine wie auch immer gearteten Strukturen bilden: keine Galaxien, keine Sterne, keine Planeten, und auch keine Menschen, die den Blick gen Himmel richten und sich fragen, was das alles zu bedeuten hat. Die Tatsache, dass wir in einem Universum mit Strukturen leben, mit realen Abweichungen von der Gleichförmigkeit, verrät uns bereits, dass das frühe Universum und damit auch die CMB nicht vollkommen gleichförmig gewesen sein können.

Wie hat sich Struktur im Universum gebildet? Betrachten wir eine Region im frühen Universum, in der die Materiedichte etwas höher ist als in den Nachbarregionen. Auch die Masse in dieser Region ist etwas größer, daher übt sie eine etwas stärkere Gravitationskraft aus als die Materie drum herum. Ein beliebiges Wasserstoffatom oder ein Teilchen Dunkler Materie wird angezogen und erhöht noch die Dichte der Region, die Dichte der umgebenden Regionen nimmt entsprechend ab. So fällt weitere Materie in die Region, die Masse nimmt zu, die Region wird im Tauziehen der Gravitationskräfte immer stärker weitere Materie anziehen. Im Lauf der Zeit wird dieser Prozess dazu führen, dass kleinere Fluktuationen in der Materiedichte allmählich immer weiter zunehmen – bis zur Bildung der

Strukturen, die wir heute um uns herum wahrnehmen. Jim Peebles, unser Kollege von der Physikfakultät in Princeton, bringt das, was wir als *gravitative Instabilität* bezeichnen, ebenso wunderbar wie doppelsinnig auf den Punkt: »Gravity sucks!« sagt er gerne.

Wie stark müssten die Fluktuationen im frühen Universum sein, um unter Berücksichtigung der Gravitationsphysik den Umfang an Strukturen erklären zu können, den wir im Universum heute beobachten? Und wie stark sind die Wellenbewegungen in der CMB, die sich daraus ergeben? Die Berechnung ist nicht ganz einfach. Wir müssen dabei die verschiedenen Arten von Materie berücksichtigen, Dunkle Materie ebenso wie die gewöhnliche Materie auf atomarer Basis. Wie erwähnt, prallten in der Zeit, als das Universum noch vollständig ionisiert war (also noch vor den 380 000 Jahren nach dem Urknall), Photonen ständig an den freien Elektronen im Universum ab. Der Druck dieser Photonen hielt Fluktuationen in der Verteilung gewöhnlicher Materie (Elektronen und Protonen) davon ab, unter dem Einfluss der Gravitation zuzunehmen. Aber wenn das die ganze Geschichte wäre, hätten die gravitationsbedingten Fluktuationen erst seit der Zeit zunehmen können, als das Universum neutral wurde. Dann hätten jedoch die Ungleichförmigkeiten in der CMB 1 von 10 000 ausmachen müssen, was aber nicht beobachtet wurde.

In den 1980er-Jahren erkannte dann Jim Peebles, dass die Dunkle Materie diese Diskrepanz erklären kann. Dunkle Materie ist *dunkel*; es findet deshalb keine Wechselwirkung mit Photonen statt, somit können Fluktuationen in der Dunklen Materie unter dem Einfluss der Gravitation und unbeeinflusst vom Photonendruck zunehmen. Nachdem das Universum dann neutral geworden ist, kann gewöhnliche Materie in die bereits seit einiger Zeit gewachsenen Verklumpungen der Dunklen Materie hineinfallen. Wenn also Dunkle Materie vorhanden ist, können wir mit Fluktuationen in der CMB beginnen, die kleiner sind, als wenn es nur gewöhnliche Materie gäbe: etwa 1 in 100 000. Die CMB-Fluktuationen, die da sein mussten (jedenfalls nach unserem Verständnis des Strukturwachstums in einem heißen Urknall-Universum), entdeckte letztendlich der COBE-Satellit, und sie machten tatsächlich 1 in 100 000 aus, genau wie Peebles und andere Fürsprecher der Existenz Dunkler Materie vorhergesagt hatten. Diese Entdeckungen festigten unser Verständnis des expandierenden Universums. In Anerkennung ihrer grundlegenden Beiträge zu diesen Erkenntnissen erhielten George Smoot und John Mather im Jahr 2006, und Jim Peebles im Jahr 2019 den Nobelpreis für Physik.

Die Dunkle Materie, auf die wir aufgrund der Rotation der Galaxien schließen, ist also auch erforderlich, um die kosmische Hintergrundstrahlung wirklich zu begreifen.

Aber woraus besteht nun Dunkle Materie? Ein detaillierter Vergleich der Häufigkeit von Helium und insbesondere Deuterium mit den Vorhersagen der Prozesse im frühen Universum verrät uns, dass die durchschnittliche Dichte gewöhnlicher Materie – Protonen, Neutronen und Elektronen – lediglich 4×10^{-31} Gramm pro Kubikzentimeter des Universums ausmachen kann. Die Bewegung der Galaxien sagt uns jedoch, dass die Dichte der Materie im Universum insgesamt etwa sechsmal höher ist. Den Unterschied macht die Dunkle Materie aus, die daher auch nicht aus gewöhnlichen Protonen, Neutronen und Elektronen bestehen kann.

Wir vermuten, dass die Dunkle Materie aus unsichtbaren Elementarteilchen noch unentdeckter Art besteht, die vermutlich – genau wie Protonen, Neutronen und Elektronen – in der extremen Hitze und dem enormen Druck des frühen Universums gebildet wurden. Über Art und Beschaffenheit dieser Elementarteilchen gibt es allerlei Spekulationen. Die Theorie der *Supersymmetrie* besagt, zu jedem Teilchen, das wir beobachten, müsste es ein massereiches supersymmetrisches Gegenstück geben: das *Photino* zum Photon, das *Selektron* zum Elektron, das *Gravitino* zum Graviton und so weiter. Am Large Hadron Collider ist man eifrig auf der Suche nach solchen Teilchen. 1982 brachte Jim Peebles die Überlegung ins Spiel, Dunkle Materie bestehe aus schwach interagierenden massereichen Teilchen (englisch *weakly interacting massive particles*, was die Astrophysiker genüsslich zu WIMP – Schwächling – abkürzten) mit deutlich mehr Masse als das Proton. Tatsächlich könnte das leichteste supersymmetrische Gegenstück zu einem bekannten Partikel genau diese Voraussetzungen erfüllen.

Ein genauer statistischer Vergleich der Fluktuationsmuster in der CMB zeigt eine verblüffende Übereinstimmung, nicht nur bei den drei darauf ausgerichteten Weltraummissionen – COBE, WMAP (Wilkinson Microwave Anisotropy Probe) und die europäischen Planck-Satelliten –, sondern auch mit den theoretischen Berechnungen auf der Basis der Physik des Urknalls, in die die Effekte der Dunklen Materie einfließen. Dabei sind auch die Phänomene der Inflation und der Dunklen Energie berücksichtigt, mit denen wir uns in Kapitel 7 beschäftigen wollen.

Nach der Rekombination beginnt die Materie, sich zu immer dichteren Klumpen zusammenzuschließen, was zur Bildung der ersten Sterne und Galaxien führt. Doch angesichts der Winkelgröße der Strukturen, die wir in der CMB beobachten, ergibt sich die Prognose, dass es im Universum noch ungleich größere Strukturen als die Galaxien geben müsste. Letztere haben ja nur einen Durchmesser von bis zu 100 000 Lichtjahren. Die Galaxien wären dann nicht beliebig im Raum verteilt, sondern müssten in noch größere Strukturen eingebettet sein. Um diese Strukturen zu kartieren, greifen wir wieder auf Hubbles Gesetz zurück. Wenn wir ein astronomisches Bild betrachten, sehen wir Objekte, als wären sie auf die zweidimensionale Himmelskuppel gemalt – wir haben dabei keinerlei Tiefenwahrnehmung. Das Hubble-Gesetz gibt uns jedoch eine Methode zur Erkundung der dritten Dimension an die Hand: Durch Messen der Rotverschiebung jeder Galaxie können wir ihre Entfernung ermitteln und damit die räumliche Lage der Galaxien im Kosmos bestimmen.

Ende der 1970er-Jahre begannen die Astrophysiker mit der systematischen Vermessung der Rotverschiebung Tausender Galaxien und erstellten aus dieser Verteilung dreidimensionale Karten. Sie bemerkten sofort, dass die Lage der Galaxien alles andere als zufällig verteilt war. Sie fanden Galaxienhaufen mit Tausenden von Galaxien und bis zu 3 Millionen Lichtjahren Durchmesser, aber auch leere Regionen – mit bis zu 300 Millionen Lichtjahren Durchmesser – nahezu ohne Galaxien darin. Im Rahmen des Sloan Digital Sky Survey wurde die Rotverschiebung von über zwei Millionen Galaxien gemessen. Abbildung 5 zeigt eine Karte eines kleinen Ausschnitts dieser Galaxien, nämlich derjenigen in einem 4 Grad breiten Streifen rund um die Äquatorebene der Erde.

Jeder der über 50 000 Punkte in dieser Abbildung steht für eine Galaxie mit 100 Milliarden Sternen.

Wir können zwei große Tortenstücke erkennen; die Milchstraße befindet sich in der Mitte des Bilds. Die leeren Regionen links und rechts sind bei der Studie nicht erfasst worden. Dort macht es der Staub in der Milchstraße sehr schwierig, ferne Galaxien zu erkennen.

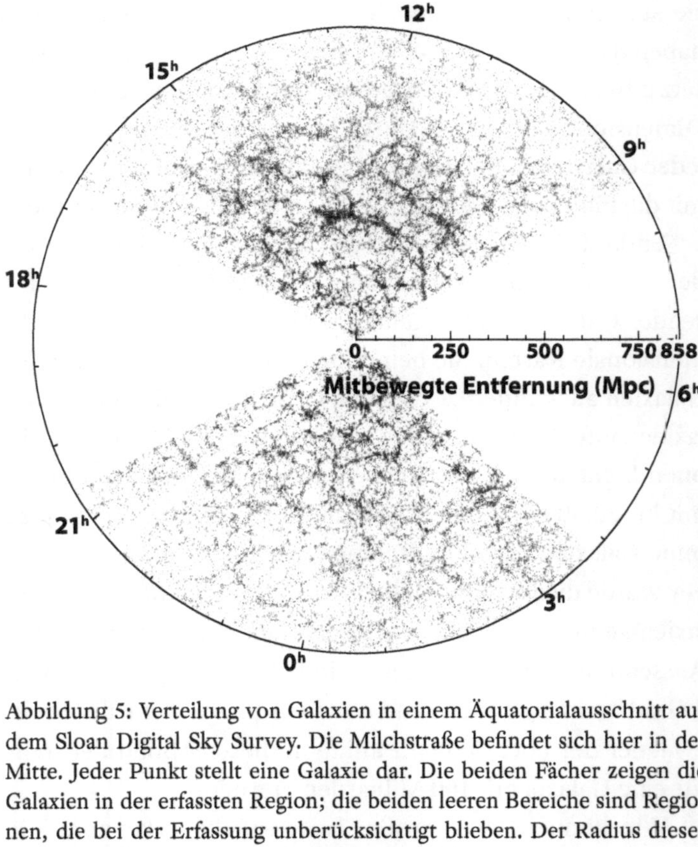

Abbildung 5: Verteilung von Galaxien in einem Äquatorialausschnitt aus dem Sloan Digital Sky Survey. Die Milchstraße befindet sich hier in der Mitte. Jeder Punkt stellt eine Galaxie dar. Die beiden Fächer zeigen die Galaxien in der erfassten Region; die beiden leeren Bereiche sind Regionen, die bei der Erfassung unberücksichtigt blieben. Der Radius dieses Diagramms beträgt circa 2,8 Milliarden Lichtjahre.

Quelle: J. Richard Gott, M. Jurić et al., 2005, *The Astrophysical Journal* 624, S. 463–484.

Der Radius dieser Abbildung umfasst 860 Megaparsec, fast 3 Milliarden Lichtjahre. Selbst ein Galaxienhaufen wirkt klein in diesem Bild. Die meisten dieser Galaxien liegen entlang von Filamenten mit einer Länge von mehreren hundert Millionen Lichtjahren. Ein besonders auffälliges Filament mit einer Länge von 1,37 Milliarden Lichtjahren, die sogenannte Sloan Great Wall, liegt etwas oberhalb der Bildmitte. Die Vermessung dieser Struktur trug Rich und seinem Kollegen Mario Jurić einen Eintrag im *Guinness-Buch der Rekorde 2006* ein, für die »größte Struktur im Universum«.

Beachten Sie, dass die Galaxiendichte in der Abbildung zum äußeren Rand hin abnimmt. Das liegt daran, dass die Galaxien dort am weitesten von uns entfernt und daher sehr lichtschwach sind. Nur ein kleiner Bruchteil der fernsten Galaxien ist so leuchtstark, dass im Rahmen des Sloan Digital Sky Survey ihre Rotverschiebung gemessen und die Galaxien damit in die Karte aufgenommen werden konnten.

Genau wie bei der kosmischen Hintergrundstrahlung können wir die Muster der von den Galaxien gebildeten Strukturen mit dem vergleichen, was wir in einem sich ausdehnenden Universum unter dem Einfluss der Gravitation erwarten würden. Das Ergebnis? Detaillierte Computersimulationen, die auch die Auswirkungen von Dunkler Materie und Dunkler Energie berücksichtigen, deuten auf Strukturen hin, deren statistische Eigenschaften aufs Beste mit denen im Sloan-Diagramm übereinstimmen.

Das ist der endgültige Triumph des Urknallmodells. Wir haben die Vorhersagen des Modells untersucht und in jeder denkbaren Weise mit vorliegenden Beobachtungen verglichen. Wir haben daraus gefolgert, dass das Universum vor 13,8 Milliarden Jahren geboren wurde und damit etwas älter ist als die ältesten Sterne. Wir kamen zu dem Schluss, dass in den ersten paar Minuten nach dem Urknall Wasserstoff- und Heliumkerne entstanden – in einem Verhältnis von 12:1, was exakt mit den tatsächlich beobachteten Werten übereinstimmt. Wir haben die Existenz und die Temperatur der kosmischen Hintergrundstrahlung vorhergesagt. Wir haben prognostiziert, dass die CMB nicht völlig gleichförmig ist, sondern Fluktuationen in der Größenordnung von einem Hunderttausendstel aufweist. Auch hier decken sich die statistischen Eigenschaften wunderbar mit unseren Beobachtungen. Schließlich sagten Computermodelle, die das Wachstum dieser Fluktuationen unter dem Einfluss der gravitationsbedingten Instabilität simulieren, für die Gegenwart ein stark strukturiertes Universum voraus, in dem Galaxien entlang von mehrere hundert Millionen Lichtjahre langen Filamenten angeordnet sind – genau dies zeigen auch die Karten des Sloan Digital Sky Survey. Das Urknallmodell ist weit mehr als »nur eine Theorie«. Es wird von umfangreichen empirischen und quantitativen Nachweisen gestützt. Das Modell hat jeden Test, dem wir es unterzogen haben, mit Bravour bestanden.

KAPITEL 7

INFLATION UND DAS MULTIVERSUM

J. Richard Gott

Wir interpretieren Hubbles Erkenntnisse zur Ausdehnung des Universums auf der Grundlage von Einsteins Allgemeiner Relativitätstheorie, also seiner Theorie zur gekrümmten Raumzeit, die die Gravitation erklärt. 1915 veröffentlichte Einstein die Feldgleichungen seiner Theorie. Newtons Gravitationstheorie beschrieb Massen, die Kräfte erzeugen, welche aus der Ferne wirken. Newtons Gravitationsgesetz besagte, zwei Körper ziehen sich gegenseitig mit einer Kraft an, die proportional ist zum Produkt ihrer Massen, geteilt durch das Quadrat der Entfernung zwischen den Mittelpunkten der beiden Körper. Einstein erklärte die Gravitation jedoch auf völlig andere Weise. Er hatte in seiner speziellen Relativitätstheorie bereits ausgeführt, dass wir in einem vierdimensionalen Universum leben, mit einer Dimension der Zeit und drei räumlichen Dimensionen (Höhe, Breite, Tiefe). Diese Theorie führte zu seiner berühmten Gleichung $E = mc2$. Einsteins Allgemeine Relativitätstheorie arbeitete heraus, dass diese vierdimensionale *Raumzeit*, wie er sie nannte, gekrümmt sein konnte, und seine Gleichungen zeigten, wie das möglich war: Die Massen bewegten sich dann eben einfach auf den geradesten möglichen Bahnen in dieser gekrümmten Raumzeit. Ein Flugzeug fliegt über die gekrümmte Oberfläche der Erde auf einer Großkreisroute, einer sogenannten *Geodäten*, genau geradeaus. Ein Flugzeug, das die kürzeste mögliche Route von New York nach Tokio fliegt – entlang einer Großkreisroute –, überquert dabei den Norden Alaskas. Auf einer herkömmlichen und vertrauten Weltkarte in Mercator-Projektion sieht das wie eine gekrümmte Linie aus, aber in Wirklichkeit ist es die kürzeste mögliche Strecke über den Globus. In der Konzeption eigentlich sehr einfach, und überdies kommt es zu keiner Kraftwirkung aus der Ferne. Der Stoff, aus dem das Universum an einer bestimmten Stelle ist (Materie, Strahlung), bewirkt, dass sich die Raumzeit *an dieser Stelle* auf eine bestimmte Weise krümmt. Auch Partikel erhalten – ebenso wie Planeten – ihre Marschbefehle lokal: Sie bewegen sich in der gekrümmten Raumzeit einfach geradeaus. Die mathematische Herleitung der Gleichungen für die gekrümmte Raumzeit ist allerdings kompliziert, und sie kostete Einstein acht Jahre harte Arbeit, bis er, auch mit der Hilfe anderer Wissenschaftler, herausgefunden hatte, wie das zu schaffen war. Einsteins Gleichungen hatten weitreichende Auswirkungen. Sie lieferten sogar die Erklärung für eine allmähliche Rotation oder *Präzession* in der Umlaufbahn des Merkur, die die Astrophysiker zwar beobachtet hatten, die aber allein mit Newtons Gravitationsgesetz nicht zu erklären war.

Einstein berechnete den geodätischen Weg, den Licht in der gekrümmten, leeren Raumzeit um die Sonne herum zurücklegen würde. Er fand heraus, dass ein Lichtstrahl von einem fernen Stern, der auf seinem Weg zur Erde die Sonne in geringer Entfernung passiert, um 1,75 Bogensekunden abgelenkt werden würde. Das war das Doppelte dessen, was Newton berechnet hätte, nämlich 0,875 Bogensekunden. Wie beobachtet man Sterne in der Nähe der Sonne? Nun, man wartet einfach auf die nächste Sonnenfinsternis, wenn sich der Mond auf seiner Bahn zwischen Sonne und Erde schiebt und das grelle Licht von der Sonnenoberfläche vollständig blockiert. Um diese Ablenkungen zu sehen, könnte man die exakte Position der Sterne auf einem während der Sonnenfinsternis aufgenommenen Foto messen und mit den Positionen vergleichen, die viele Monate zuvor gemessen wurden, als die Sonne am Himmel weit entfernt von den betreffenden Sternen war. Einstein selbst bezeichnete diese Untersuchung als entscheidenden Test für die Richtigkeit seiner Theorie.

Zwei britische Expeditionen wurden auf den Weg geschickt, um die Sonnenfinsternis vom 29. Mai 1919 zu beobachten: Eine reiste nach Sobral in Brasilien, die andere nach Príncipe Island vor der Westküste Afrikas. Am 6. November 1919 berichtete Sir Arthur Eddington bei einer gemeinsamen Sitzung der Royal Society und der Royal Astronomical Society in London über die Ergebnisse. Sobral vermeldete eine Ablenkung von 1,98±0,30 Bogensekunden, in Príncipe wurde eine Ablenkung von 1,61±0,30 Bogensekunden beobachtet. Beide Ergebnisse bestätigten Einsteins Wert von 1,75 Bogensekunden innerhalb der beobachtungsbedingten Fehlertoleranz, und beide Werte passten nicht zu Newtons Zahlen. Der Physiker J. J. Thompson, der Entdecker des Elektrons, leitete die Sitzung und verkündete die allgemeine Relativitätstheorie als »eine der größten Leistungen des menschlichen Denkens«.

Ende der 1990er-Jahre sah ich eine Fernsehsendung über die größten Momente des Sports der letzten hundert Jahre. Sie zeigte, vielleicht wie erwartet, Jesse Owens' Sieg über 100 Meter bei den Olympischen Spielen 1936 in Berlin; Secretariat, der bei den Belmont Stakes mit 31 Längen Vorsprung durchs Ziel ging und damit die Triple Crown des Galopprennsports komplettierte; und Muhammad Ali, der

George Foreman in Zaire ausknockte und sich den Boxweltmeistertitel im Schwergewicht zurückholte. Wenn es in der Sendung um eine Art »Best of« der Naturwissenschaften des 20. Jahrhunderts gegangen wäre, hätten wir wahrscheinlich Newton und Einstein auf einem imaginären Basketballfeld zu sehen bekommen. Newton hat den Ball und dribbelt auf Einsteins Korb zu. Und es ist nicht irgendein Ball, es ist Newtons Gravitationsgesetz – die großartigste Leistung, die er jemals hervorgebracht hat. Da stellt sich ihm Einstein entgegen, klaut ihm den Ball, wirft, und *schwupp*, versenkt ihn in Newtons Korb. Voilà – der größte Volltreffer der Naturwissenschaften im 20. Jahrhundert.

1922 fand der russische Physiker Alexander Friedmann eine dynamische Lösung für Einsteins Feldgleichungen vom Jahr 1915, die Folgen für die gesamte Kosmologie hatte. Denken Sie an unser Bild von einem Luftballon mit den aufgeklebten Münzen. Friedmanns hypothetischer Ballon beginnt bei Größe null. Das ist der Moment des Urknalls. Jetzt blasen wir den Ballon auf. Er dehnt sich aus, und die Entfernung zwischen den einzelnen Münzen nimmt zu. Stellen Sie sich vor, Sie sitzen auf einer der Münzen. Eine Nachbarmünze bewegt sich langsam immer weiter weg, während der Ballon weiter expandiert. Eine Münze, die noch weiter von Ihnen entfernt ist, wird sich entsprechend schneller von Ihnen wegbewegen. Um genau zu sein: Eine doppelt so weit entfernte Münze bewegt sich auch doppelt so schnell von Ihnen weg. Drei Mal weiter weg – drei Mal schneller. Nun, genau das besagt Hubbles Gesetz. Je weiter die andere Münze von Ihnen entfernt ist, desto mehr von der sich ausdehnenden Gummihülle des Ballons liegt zwischen Ihnen und der Münze, und desto schneller entfernt sie sich von Ihnen. Die anderen Galaxien bewegen sich von uns weg, weil der gekrümmte Raum, in dem wir leben, expandiert. Keine Münze unterscheidet sich von den anderen – das Universum sieht von jeder Münze aus betrachtet gleich aus. Das Kopernikanische Prinzip wird eingehalten. In dieser Metapher arbeiten wir mit nur zwei räumlichen Dimensionen, denjenigen der Oberfläche des Ballons. Diese Fläche bildet die gesamte Darstellung unseres Universums. Vergessen Sie das Innere und Äußere des Ballons. Darauf kommt es im Moment nicht an. Friedmanns Modell umfasst in Wirklichkeit alle drei räumlichen Dimensionen, und es dehnt sich als mehrdimensionales Volumen aus, als sogenannte 3-Sphäre. Allerdings sieht jeder zweidimensionale Querschnitt durch Friedmanns Universum exakt wie die sich ausdehnende Oberfläche unseres Ballons aus. Die Veranschaulichung als Ballon ist durchaus akkurat, sie lässt eben nur eine räumliche Dimension weg, damit unser Gehirn visualisieren kann, was vor sich geht. In Friedmanns Modell expandiert der Ballon weiter, aber die Ausdehnung wird langsamer und kommt irgendwann zum Stillstand, wenn die maximale Größe erreicht ist. Dann zieht sich das Ganze wieder zusammen, bis am Ende alles in einem Punkt zusammenstürzt, dem sogenannten *Big Crunch*.

Ein *Raumzeit*-Diagramm dieses Vorgangs (s. Abbildung 6) sieht aus wie ein senkrecht aufgestellter amerikanischer Football, bereit zum Kickoff.

Die Zeit verläuft in diesem Diagramm senkrecht von unten nach oben. Nur eine räumliche Dimension wird als kreisförmiger Querschnitt (des Ballons) dargestellt, dessen Radius sich im Lauf der Zeit verändert. Das einzig Reale in dieser Darstellung ist die »lederne« Oberfläche des Footballs. Das Innere und das den Ball umgebende Äußere sind nicht real. Wir betten den Football nur zum Zweck der Visualisierung in einen mehrdimensionalen Raum ein. Unser Ballon-Universum beginnt bei Radius null, also dem Moment des Urknalls, des *Big Bang* (ganz unten). Dann expandiert es mit der Zeit zu einem immer größeren Umfang, bis in der Mitte des Footballs ein Maximalumfang erreicht wird. Von da an schrumpft das Universum wieder, bis es beim *Big Crunch* am Ende wieder am Radius null angelangt ist. Die Pfade, die Galaxien durch die Raumzeit durchlaufen, ihre sogenannten *Weltlinien*, sind Geodäten entlang der Nähte des Footballs, die am *Big Bang* beginnen und am *Big Crunch* enden. Diese Weltlinien sind so gerade wie möglich. Wenn Sie mit einem Auto darauf entlangfahren würden, müssten sie das Lenkrad niemals einschlagen. Dies veranschaulicht perfekt die Funktionsweise von Einsteins Gleichungen. Die Masse all der Galaxien im Universum bewirkt die Krümmung der Raumzeit, und die Krümmung der Raumzeit bewirkt die gekrümmte Form der Weltlinien unserer Galaxien – die Nähte des Footballs. Unmittelbar nach dem Urknall fliegen die Galaxien voneinander weg. Wir leben gegenwärtig in der unteren Hälfte des Footballs, also in der Phase, in der sich die Galaxien voneinander entfernen. Aber in diesem Beispiel verlangsamt die Gravitationsanziehung (Krümmung) deren Expansion bis zu einem zeitweiligen Stopp in der Mitte, am Äquator des Footballs. Danach, in der oberen Hälfte, sorgt sie dafür, dass sich die Galaxien wieder aufeinander zu bewegen. Die Entfernungen zwischen den Galaxien, die auf den Nähten des Balls ihre Bahn ziehen, beginnen abzunehmen, während der Umfang des Universums schrumpft. Und beim Big Crunch krachen sie alle ineinander. Das möchten Sie lieber nicht miterleben! Während das Volumen des Universums auf null schrumpft, werden Sie zusammengequetscht, bis zur *Singularität* des Big Crunch, einem Ort, an dem die Krümmung unendlich wird.

Die Zeit beginnt mit dem Urknall – mit einer Singularität von unendlich großer Krümmung. Aber was geschah vor dem Urknall? Im Kontext der Allgemeinen Relativitätstheorie ergibt diese Frage keinen Sinn, da Zeit und Raum beim Urknall erst entstanden sind. Es ist, als würde man fragen, was südlich vom Südpol liegt. Wenn Sie immer weiter nach Süden gehen, erreichen Sie irgendwann den Südpol. Wei-

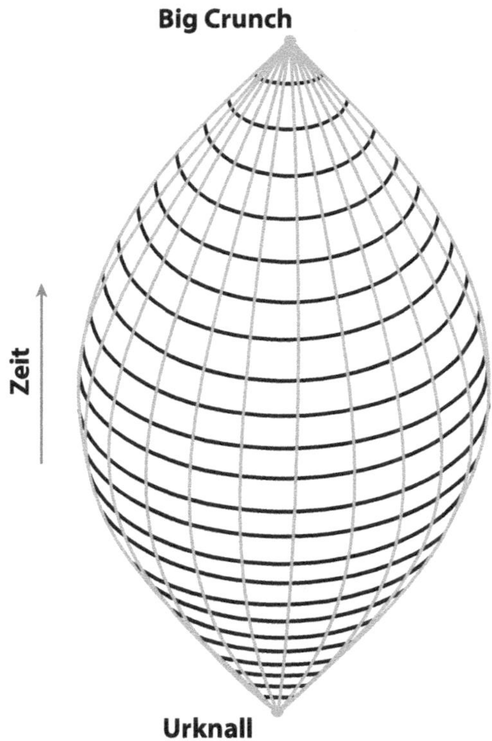

Abbildung 6: Friedmanns Urknall-Universum. Dieses Raumzeit-Diagramm zeigt nur eine Dimension des Raums (den Umfang der Football-Form) und eine Dimension der Zeit (senkrecht). Der Urknall (der *Big Bang*) steht am Anfang. Zunächst expandiert das Universum, aber letztendlich zieht es sich zusammen und endet in einem *Big Crunch.*

Quelle: Leicht verändert übernommen aus: J. Richard Gott, *Zeitreisen in Einsteins Universum*, Reinbek 2002.

ter nach Süden geht es nicht. Entsprechendes gilt auch für die Zeit: Wenn Sie in der Zeit immer weiter zurückgehen, kommen sie irgendwann beim Urknall an, bei dem Zeit und Raum geschaffen wurden – das ist mithin der frühestmögliche Zeitpunkt, zu dem Sie gelangen können.

Friedmanns Modell von 1922 stellte ein extrem dichtes Universum dar, in dem die Gravitationsanziehung, die die Galaxien aufeinander ausübten, stark genug war, um die Expansion irgendwann zum Stehen zu bringen und eine Kontraktion einzuleiten, die in einem Big Crunch endet. Dieses Universum enthält eine endliche Anzahl Galaxien. 1924 brachte Friedmann ein Modell für ein Universum geringer Dichte hervor. Darin reicht die Gravitationsanziehung der Galaxien aufeinander nicht aus, um den Expansionsprozess zu überwinden, das Universum dehnt sich also immer weiter aus. Auf dieses Modell mit geringer Dichte kommen wir später noch zurück.

Als Friedmann seine Lösung mit einem Universum hoher Dichte im Jahr 1922 veröffentlichte, schenkte ihm kaum jemand Beachtung. Das änderte sich erst, als Hubble im Jahr 1929 das expandierende Universum entdeckte. Die Weltlinien der Galaxien bewegten sich auseinander. Damit befanden wir uns in der unteren Hälfte von Friedmanns senkrechtem Football von anno 1922, also in der Expansionsphase.

Bedenken Sie, dass vor dieser Zeit niemals irgendjemand von einem expandierenden Universum gesprochen hatte.

Die Leute hätten gefragt: Expandierend zu *was*? In Einsteins Theorie jedoch ist es der gekrümmte Raum selbst, der sich ausdehnt. Er expandiert nicht *zu irgendetwas* – er dehnt sich einfach immer weiter aus. Der Raum, der alle Galaxien miteinander verbindet, wird einfach immer größer. Faszinierend. Das war ein Denken jenseits jeder Schablone, ein theoretischer Quantensprung. Das Magazin *Time* bezeichnete Einstein später als einflussreichste Person des 20. Jahrhunderts.

Friedmanns Urknallmodell hat sich als bemerkenswert erfolgreich erwiesen (siehe Kapitel 6), aber es blieben einige Fragen offen. Warum verlief der Urknall so gleichförmig? Wenn wir in verschiedene Richtungen Ausschau halten, stellen wir fest, dass die Temperatur der kosmischen Hintergrundstrahlung (CMB) bis auf eine Abweichung von 1/100 000 einheitlich ist. Wie können diese unterschiedlichen Regionen des Universums »wissen«, dass sie die gleiche Temperatur aufweisen sollten? Wenn wir in eine Richtung blicken, sehen wir 13,8 Milliarden Lichtjahre in die Ferne. Wir blicken zurück bis in eine Zeit, in der das Universum erst 380 000 Jahre alt war. Wenn wir 13,8 Milliarden Lichtjahre weit in die um 180 Grad entgegengesetzte Himmelsregion blicken, sehen wir eine ganz andere Region, die praktisch die gleiche Temperatur aufweist. Im herkömmlichen Urknallmodell lag zwischen diesen beiden Regionen an entgegengesetzten Seiten des Himmels 380 000 Jahre nach dem Urknall eine Entfernung von 86 Millionen Lichtjahren. Dieser Abstand ist zu groß, als dass sich irgendwelche Wechselwirkungen der Galaxien aufeinander in der kurzen Phase seit der Entstehung des Universums hätten fortpflanzen können (noch nicht einmal mit Lichtgeschwindigkeit). Wenn wir zwei Regionen von gleicher Temperatur sehen, liegt das normalerweise daran, dass sie Zeit zur Interaktion hatten, das heißt, sie konnten Energie austauschen und ein thermisches Gleichgewicht erreichen. Im Standardmodell des Urknalls hatten aber weit voneinander getrennte Teile der CMB keine Zeit zu einem derartigen Kontakt oder Austausch. Und wenn dem so ist, wie ist dann diese Gleichförmigkeit möglich?

Und woher stammten die – wenn auch minimalen – Fluktuationen von 1/100 000? Das Universum war nahezu perfekt homogen, aber eben doch nicht ganz. Es war ein Mysterium. Wir bedurften einer Erklärung für die generelle Homogenität, und auch die winzigen Fluktuationen mussten eine Ursache haben.

1981 schlug Alan Guth eine Lösung für dieses Rätsel vor: In seinem Modell begann das Universum mit einer kurzen Phase beschleunigter Expansion, die er als *Inflation* bezeichnete. In einem Raumzeit-Diagramm ähnelt diese Phase einem nach oben gerichteten Trompetenmundstück, auf dem die Friedmannsche Football-Raumzeit quasi aufgesetzt ist (s. Abbildung 7).

Abbildung 7: Inflationärer Beginn (Trompete) eines Urknall-Universums nach Friedmann (Football).

Quelle: J. Richard Gott

Dieses Modell beginnt mit einem endlichen Umfang in der Nähe des Trompetenmundstücks, vergrößert sich aber extrem, je mehr wir uns im Zeitverlauf der glockenförmigen Öffnung des Schallstücks nähern. Die untere Spitze des Friedmann-Footballs wird durch ein kleines Trompetenmundstück ersetzt, das am unteren Ende einen finiten Umfang aufweist – vielleicht nicht größer als 10^{-26} Zentimeter. Die Trompeten-Phase dauert ein wenig länger als die Football-Spitze des Urknalls für sich genommen, und diese Zeitdifferenz gibt den verschiedenen Regionen, die wir in der CMB heute registrieren, ausreichend Zeit, in kausalen Kontakt zueinander zu kommen. Am Anfang ist der Umfang so gering, dass die verschiedenen Regionen, die kurze Spanne zusätzlicher Zeit nutzend, kausalen Kontakt zueinander aufnehmen können, danach bewegt sie die beschleunigte Expansion während der Trompeten-Phase weit voneinander weg.

Aber was verursachte die Inflation, sofern denn dieses Modell tatsächlich dem Geschehen im frühen Universum entspricht?

Im Jahr 1917 führte Einstein im Rahmen eines gescheiterten Versuchs der Schaffung eines kosmologischen Modells, in dem das Universum statisch ist – also weder expandiert noch kontrahiert –, einen neuen Begriff in seine Feldgleichungen ein: die *kosmologische Konstante*. Friedmann ließ die kosmologische Konstante weg und kam auf die oben beschriebene dynamische Urknallkosmologie. Im Jahr 1934 jedoch zeigte Georges Lemaître, dass die Einbeziehung der kosmologischen Konstante gleichbedeutend war mit der Annahme, dass das Universum eine geringe Vakuum-Energiedichte besaß, einhergehend mit einem negativen Druck (eine Art universelle Sogwirkung) identischer Größe. Wir gehen üblicherweise davon aus, dass leerer Raum eine Dichte von null hat. Schließlich ist er von allen Partikeln und jeder Strahlung bereinigt. Aber das Vakuum des leeren Raumes kann aufgrund von Feldern, die das Universum ausfüllen, sehr wohl eine gewisse Energiedichte aufweisen. Ein Beispiel dafür ist das *Higgs-Feld,* das den gesamten Raum durchdringt und Partikeln ihre Masse verleiht. Zum Higgs-Feld gehört ein Teilchen, das Higgs-Teilchen, das 2012 am European Large Hadron Collider entdeckt wurde. François Englert und Peter Higgs erhielten 2013 den Nobelpreis für Physik für ihre theoretischen Arbeiten zu dem Thema. Wenn das Higgs-Feld den gesamten leeren Raum durchdringt, können auch noch weitere, ähnliche Felder existieren, die zur Vakuumenergie des Universums in seinen frühen Zeiten beitragen. Der Betrag der vorhandenen Vakuumenergie richtet sich nach den Gesetzen der Physik. Guth argumentierte, im frühen Universum wären die schwachen, starken und elektromagnetischen Kräfte zu einer einzigen Superkraft vereint gewesen, und als Folge davon könnte die Vakuumenergie zu jener Zeit, anders als heute, sehr hoch gewesen sein. Wenn dem so ist, dann war die kosmologische Konstante in Wirklichkeit gar keine Konstante, wie Einstein angenommen hatte, sondern konnte sich mit der Zeit verändern. Einhergehend mit dieser hohen Energiedichte gab es einen entsprechend hohen negativen Druck, der gemäß Einsteins Spezieller Relativitätstheorie dafür sorgte, dass die Vakuumenergie für unterschiedliche Betrachter, die sich mit unterschiedlichen Geschwindigkeiten bewegen, dennoch gleich erscheint. Damit gäbe es keinen bevorzugten »Ruhezustand« im leeren Raum, wie Einstein bei der ursprünglichen Formulierung seiner Speziellen Relativitätstheorie im Jahr 1905 postuliert hatte. Dieser negative Druck wäre gleichförmig und würde keine hydrodynamischen Kräfte ausüben. Bedenken Sie, dass es *Druckunterschiede* braucht, damit der Wind wehen und Sie aus dem Gleichgewicht bringen kann. Aber Einsteins Feldgleichungen in der Allgemeinen Relativitätstheorie von 1915 zeigen, dass sowohl Druck als auch Energie Gravitationskräfte ausüben. Die Vakuumenergiedichte erzeugt eine Gravitationsanziehung, aber der *negative* Druck gleicher Größe wirkt in drei Richtungen und erzeugt somit eine dreimal stärkere Gravitations*abstoßung*. Dieser Vakuumzustand würde sich in der Summe als Gravitationsabstoßung manifestieren, die gemäß Einsteins Gleichungen das Universum mit der beschleunigten Expansion hätte beginnen lassen, die Guth zeigen wollte. Somit war es diese

Gravitationsabstoßung, die zu der anfänglichen Expansion führte, die wir Urknall oder *Big Bang* nennen.

Tatsächlich hatte Willem de Sitter diese Trompeten-Lösung für Einsteins Feldgleichungen bereits im Jahr 1917 gefunden. Er löste Einsteins Gleichungen für den Fall eines leeren Raums mit kosmologischer Konstante – und nichts sonst. Das von ihm entdeckte Phänomen bezeichnen wir als *De-Sitter-Raum*. Zuletzt zeigt dieser Raum exakt die trompetenförmige Raumzeit-Geometrie, die Guth für seine Theorie brauchte. Misst man die Zeit mit den Uhren der Teilchen in dieser Raumzeit, scheint sich der Umfang des Universums bei jedem aufeinanderfolgenden Zeitintervall zu verdoppeln: 1, 2, 4, 8, 16, 32, 64, 128, 256, 512, 1024, ..., was mit einer exponentiell wachsenden Ausdehnung einhergeht. Es ist wie bei einer extremen monetären Inflation – genau deshalb wählte Guth für dieses Modell den Begriff der *Inflation*.

Der räumliche Abstand zwischen zwei Teilchen in dieser Raumzeit nimmt exponentiell zu. Stellen Sie sich einen Ballon vor, dessen Größe sich beim Aufblasen in jeder Sekunde verdoppelt. Am Ende wird der Abstand zwischen zwei auf der Ballonhülle angebrachten Münzen schneller wachsen als mit Lichtgeschwindigkeit. Dies steht nicht in Widerspruch zu Einsteins Spezieller Relativitätstheorie, denn die besagt lediglich, dass ein anderes Raumschiff nicht schneller als mit Lichtgeschwindigkeit an Ihnen *vorbeifliegen* kann. Die Allgemeine Relativitätstheorie erlaubt sehr wohl, dass sich der

Raum *zwischen* zwei Teilchen so schnell ausdehnt, dass es selbst das Licht nicht mehr schafft, die wachsende Lücke zwischen den beiden Teilchen zu überbrücken. Die De-Sitter-Raumzeit erklärt, wie Teilchen kommunizieren und in der Nähe des unteren Trichterendes, der »De-Sitter-Taille«, ein thermisches Gleichgewicht erreichen können, um sich anschließend, wenn der Trichter im Zeitverlauf wieder breiter wird, weit voneinander zu entfernen.

Guth schlug letztendlich einen solchen Trichter als Ausgangspunkt des Universums vor, mit einem anfänglichen Umfang (besagte »De-Sitter-Taille«), den wir auf 10^{-26} Zentimeter schätzen. Guth brauchte als Ausgangspunkt nur ein winziges Volumen in extrem dichtem Vakuumzustand. Die Abstoßungseffekte des hohen negativen Drucks würden dazu führen, dass sich die Raumzeit auszudehnen beginnt und diese Ausdehnung sich immer stärker beschleunigt, sodass sich die Größe des Universums vielleicht alle 3×10^{-38} Sekunden verdoppelt (der exakte Wert hängt von den Details des jeweiligen Modells ab). Das Universum würde dann in sehr kurzer Zeit sehr groß werden. Während der Ausdehnung des Universums würde jedoch die Energiedichte des Vakuumzustands über die ganze inflationäre Periode gleich bleiben. Eine kleine Region mit hoher Energiedichte würde zu einer sehr großen Region mit gleich hoher Energiedichte werden.

Seltsamerweise steht dies nicht im Widerspruch zum Satz der *lokalen* Energieerhaltung (also innerhalb kleiner

Regionen), einem der Grundprinzipien der modernen Physik. Wenn ich eine Schachtel mit einer Flüssigkeit hätte, die über extreme Dichte und negativen Druck verfügte, müsste ich erhebliche Arbeit leisten (also Kraft aufbringen), um die Wände der Schachtel nach außen zu ziehen, während sich der negative Druck gegen diese Ausdehnung wehrt. Die Arbeit, die ich leiste, um die Wände der Schachtel gegen den negativen Druck (oder die Sogkraft) auseinanderzudrücken, würde der Flüssigkeit Energie zuführen – gerade genug, um die Energiedichte auf dem gleichen hohen Niveau zu halten, das beim Beginn der Expansion unserer Schachtel vorlag. Damit hätten wir eine lokale Energieerhaltung, wie von der Allgemeinen Relativitätstheorie gefordert. Doch was zieht im Universum an den Wänden meiner Schachtel? Es ist einfach der negative Druck anderer, ähnlicher kleiner Raumzeit-Schachteln in der Umgebung meiner Schachtel. Solange der Druck überall im Universum gleich ist, erledigt die Expansion selbst die nötige Arbeit.

So gesehen ist der Vakuumzustand »selbstreproduzierend« – er geht von einem winzigen Anfangszustand aus und wächst dann exponentiell. Deshalb bezeichnete Guth das Universum als das »ultimate free lunch« –, das absolut Einzige, was es wirklich umsonst gibt. Erinnern wir uns: Er hatte gesagt, der Vakuumzustand, der die Inflation vorantrieb, wäre durch die Superkraft verursacht worden, in der sich starke, schwache und elektromagnetische Kräfte vereinen. Allerdings konnte dieser Vakuumzustand nicht auf alle Zeiten Bestand haben und würde letztendlich zerfallen: Die starke, die schwache und die elektromagnetische Kraft würden sich voneinander entkoppeln und eigenständig werden. Während also die Energiedichte im Vakuum des leeren Raums abnahm, würde sich die Energie in ein Bad heißer Elementarteilchen verwandeln – exakt die Ausgangsbedingungen, die Gamow für seine heiße Urknalltheorie brauchte.

Genau hier verbindet sich unsere inflationäre Trompete am Anfang des Universums mit dem unteren Teil von Friedmanns Football-förmigem Urknallmodell. Wie im Football-Modell beginnt sich die Expansion des Universums in dieser Phase zu verlangsamen. Der Druck ist jetzt nur noch der normale, also positive thermische Druck der Teilchen. Das Inflationsmodell liefert eine natürliche Erklärung dafür, wie die Ausgangsbedingungen des Friedmannschen Urknallmodells entstanden sein könnten. Die gravitativen Abstoßungseffekte des anfänglichen Vakuumzustands lösten (durch ihren negativen Druck) den Urknall aus! Der Urknall muss nicht aus einer Singularität hervorgegangen sein, er könnte mit einer winzigen Vakuumregion extrem hoher Dichte seinen Anfang genommen haben. Das Inflationsmodell liefert uns auch eine Erklärung dafür, warum das Universum so groß und so gleichförmig war. Kleinere Falten würden einfach geglättet, während sich das Universum auf seine gewaltige Größe ausdehnt. Das würde auch die beobachteten kleinen Fluktuationen von nur 1/100 000 erklären. Am Anfang verdoppelte das Universum seine Größe alle 3×10^{-38} Sekunden. In derart kurzen Zeitspannen sorgt die Heisenbergsche Unschärferelation der Quantenphysik für Zufallsfluktuationen in der Energie jedes beliebigen Felds. Im Lauf der Inflation dehnen sich diese winzigen Regionen extrem aus und schaffen damit die Samen für die gigantischen kosmischen Strukturen, die wir heute beobachten. Tatsächlich lassen das schwammartige Muster der Filamente in Galaxienhaufen (s. Abbildung 5 auf Seite 152) – das *kosmische Netz* – sowie das Muster der heißen und kalten Flecken in der CMB darauf schließen, dass die ursprünglichen Bedingungen sich genau durch die Art von Zufall auszeichneten, die wir aufgrund der vom Inflationsmodell vorhergesagten Fluktuationen erwarten würden.

Guth erkannte jedoch ein Problem bei der Inflationstheorie. Es war nicht zu erwarten, dass der extrem dichte Vakuumzustand zu Beginn auf einen Schlag in gewöhnliche Elementarteilchen zerfallen würde. Dieser extrem dichte, inflationäre Ozean würde vielmehr in Vakuumblasen geringer Dichte zerfallen, ein Phänomen, das Sidney Coleman untersucht hat. Es ähnelt kochendem Wasser in einem Topf. Das Wasser verwandelt sich auch nicht auf einen Schlag zu Dampf. Im Wasser bilden sich Dampfblasen. Das hier war aber keine gleichförmige Verteilung – nicht das gleichförmige Universum, auf das wir gehofft hatten. 1982 brachte ich die Idee auf, dass die Inflation Blasenuniversen erzeugen könnte – jede Blase würde sich in diesem Modell zu einem separaten Blasenuniversum wie dem unseren ausdehnen (s. Abbildung 8). Dieses Raumzeit-Diagramm zeigt eine Dimension des Raums, nämlich den Umfang von Guths Inflationstrichter, und die zeitliche Dimension, senkrecht von unten nach oben verlaufend. Unten beginnt der Trichter mit einem geringen Umfang, der De-Sitter-Taille. Diese stellt den

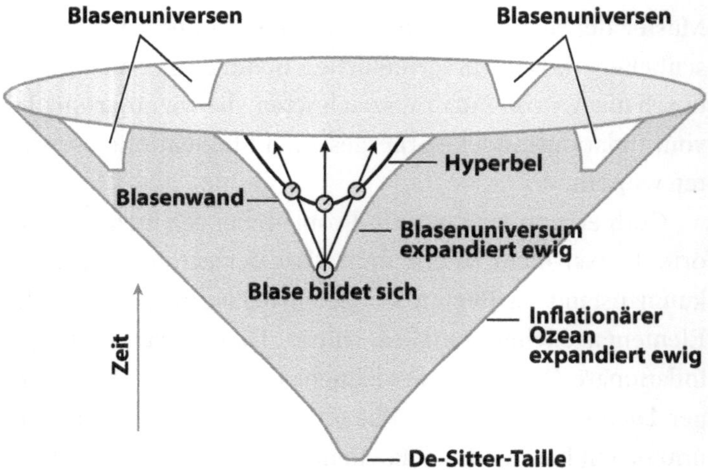

Abbildung 8: In einem inflationären Ozean bilden sich Blasenuniversen – ein Multiversum.

Quelle: Leicht verändert übernommen aus: J. Richard Gott, *Zeitreisen in Einsteins Universum,* Reinbek 2002.

Umfang (10^{-26} cm) eines winzigen, ballonförmigen 3-Sphären-Universums dar. Die gravitativen Abstoßungseffekte des negativen Drucks bewirken eine immer schnellere Ausdehnung des Trichterumfangs, während wir uns in die Zukunft bewegen und die 3-Sphäre (der Ballon) sich aufbläht.

In meinem Modell befindet sich unser gesamtes beobachtbares Universum in einer der Blasen geringer Dichte. Aus dem Inneren unserer Blase blicken wir in den Raum hinaus und in der Zeit zurück, wir sehen also nur unser eigenes Blasenuniversum und den gleichförmigen inflationären Ozean, aus dem es entstanden ist. Die anderen Blasen können wir nicht sehen. Für uns sieht alles gleichförmig aus – was Guths Nichtgleichförmigkeitsproblem löst. Die Blase dehnt sich nahezu mit Lichtgeschwindigkeit aus. Aber der inflationäre Ozean selbst expandiert derart schnell, dass es den Blasen niemals gelingt, den gesamten Raum auszufüllen. Ständig bilden sich neue Blasenuniversen, und zwischen ihnen expandiert der inflationäre Ozean und schafft so Raum für die Entstehung weiterer Blasenuniversen. Auf diese Weise bildet sich letztendlich eine unendliche Anzahl Blasenuniversen in einem ewig weiter expandierenden inflationären Ozean – ein Phänomen, das wir heute als *Multiversum* bezeichnen. Auch diese Blasenuniversen würden ewig expandieren.

Eine *Fläche konstanter kosmischer Zeit* in unserem Universum können wir uns so vorstellen, dass imaginäre Wecker an einzelnen Teilchen alle zur gleichen Zeit klingeln und die gleiche seit dem Ereignis der Blasenentstehung verstrichene Zeit anzeigen. Die Fläche hat eine hyperbolische Form, da gemäß der Speziellen Relativitätstheorie Teilchen, die sich schneller (nach links und rechts) bewegen, Uhren haben, die langsamer gehen, deshalb verzögert sich der Zeitpunkt, an dem diese imaginären Wecker läuten. So entsteht eine hyperbolische Form unendlicher Ausdehnung, die sich innerhalb der expandierenden Blasenwand nach oben krümmt (wie in Abbildung 8). Das ist exakt die Geometrie, die es für Friedmanns Universum geringer Dichte von 1924 braucht. Dehnt sich unsere Blase in unendlich ferner Zukunft zu unendlich großem Volumen aus, wird innerhalb dieser Blase letztendlich eine unendliche Anzahl Galaxien entstehen. Da der inflationäre Ozean außerhalb unserer Blase ebenfalls ewig weiter expandiert, könnte aus einem ursprünglich winzigen, finiten und extrem dichten De-Sitter-Raum an der De-Sitter-Taille eine unendliche Anzahl unendlich großer Blasenuniversen entstehen (wie Abbildung 8 zeigt).

Die Vakuumenergiedichte – die Energiedichte des leeren Raums – können wir uns als die Höhe einer Landschaft (bezogen auf Meereshöhe) denken. Verschiedene Orte in der Landschaft entsprechen verschiedenen Werten von Energiefeldern (beispielsweise des Higgs-Felds), die zur Vakuumenergie beitragen. Verschiedene Orte, die verschiedenen Werten der Felder entsprechen, entsprechen auch unterschiedlichen Höhen – also unterschiedlichen Werten der Vakuumenergiedichte. Heute konstatieren wir eine sehr niedrige Vakuumenergiedichte – wir befinden uns fast auf der Höhe des Meeresspiegels. Im frühen Universum war die Vakuumenergiedichte jedoch sehr hoch, als wären wir in einem Hochgebirgstal eingeschlossen (s. Abbildung 9).

Eine in einem Hochgebirgstal eingeschlossene Kugel kann in einen niedrigeren Energiezustand übergehen – die Meereshöhe. Wenn sie jedoch auf allen Seiten von Bergen umgeben ist, ist sie eingeschlossen. In Newtons Universum gäbe es dann keine Möglichkeit, zu entkommen und

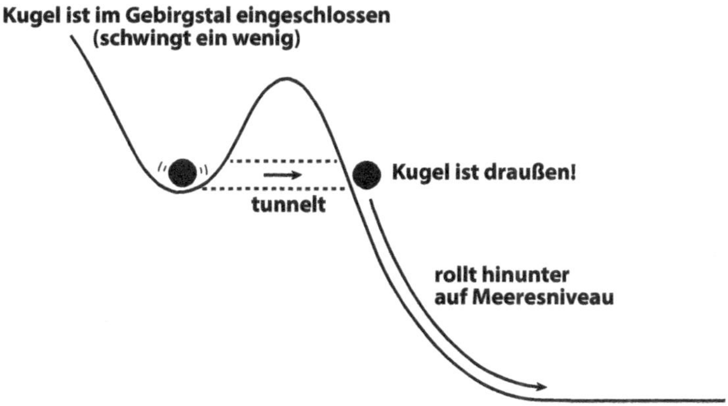

Abbildung 9: Quantentunneln

Quelle: Leicht verändert übernommen aus: J. Richard Gott, *Zeitreisen in Einsteins Universum*, Reinbek 2002.

den Berg hinunterzurollen. Das sogenannte *Quantentunneln* ermöglicht ihr jedoch, das Gebirgsgefängnis zu verlassen und bis auf Meereshöhe hinabzurollen.

In Blasenuniversen könnten unterschiedliche physikalische Gesetze herrschen, wenn sie sich durch den Tunneleffekt in *unterschiedliche* Täler geringerer Höhe begeben, in denen für diverse Felder unterschiedliche Werte vorliegen. Die physikalischen Gesetze, die wir in unserem Universum beobachten, sind möglicherweise nur lokale, untergeordnete Gesetze, wie Andrei Linde und Martin Rees dargelegt haben.

Das Quantentunneln wurde von George Gamow entdeckt. Auf der Ebene einzelner Atomkerne lieferte es die Erklärung für den radioaktiven Zerfall von Uran. Urankerne zerfallen, indem sie ein Alphateilchen emittieren (einen Heliumkern mit zwei Protonen und zwei Neutronen). Das Alphateilchen ist im Atomkern durch die starke Kernkraft eingeschlossen. Die Wirkung dieser Kraft ist mit der Bergkette vergleichbar, die das Tal umgibt. Die starke Kernkraft hat jedoch nur eine geringe Reichweite. Wenn das Alphateilchen irgendwie aus dem Kern herauskommen, sich also der Anziehung durch die starke Kernkraft entziehen könnte, dann könnte es entkommen. Das Alphateilchen ist positiv geladen und würde dann vom ebenfalls positiv geladenen Hauptkern abgestoßen. Es würde den Hügel hinunterrollen, weg vom Atomkern, und die kinetische

Energie, die es dabei aufnimmt, wäre auf die elektrostatische Abstoßung zurückzuführen. Aus der Energie, die ein emittiertes Alphateilchen beim Uranzerfall aufwies, konnten die Physiker berechnen, auf welcher Höhe des Hügels seine Reise begann. Wie sich herausstellte, wurde es *außerhalb* des Urankerns emittiert! Aber wie kam es dorthin? Die Quantenphysik verrät uns, dass Alphateilchen ebenso wie das Licht sowohl Wellen- als auch Teilcheneigenschaften haben. Aus dem Wellencharakter eines Teilchens folgt, dass es sich nicht leicht lokalisieren lässt, genau wie es die Heisenbergsche Unschärferelation beschreibt. Wie Gamow zeigte, gab es eine geringe Wahrscheinlichkeit, dass das Alphateilchen durch den Berg »tunneln« könnte, der es im Innern des Urankerns festhielt, und sich plötzlich weit außerhalb des Kerns befindet, von wo es aufgrund der elektrostatischen Abstoßung vom Kern weg den Hügel hinunterrollen konnte. Das erinnert mich an den Zen-Koan *Wie kommt die Ente aus der Flasche* (deren Hals zu eng ist, als dass die Ente entweichen könnte)? Antwort: *Die Ente ist draußen!* Mittels des quantenmechanischen Tunneleffekts gelangt das Alphateilchen also durch den Berg, und »das Alphateilchen ist draußen!«.

Im Fall des Blasenuniversums steht das Gebirgstal für das ursprüngliche inflationäre Universum an der De-Sitter-Taille, mit seiner hohen Vakuumenergiedichte. Dieses Universum würde gerne in diesem extrem dichten und ewig expandierenden Zustand verharren, aber nach langer Zeit (vielleicht nach vielen Milliarden inflationären Jahren) besteht eine gewisse Wahrscheinlichkeit, dass es durch den Berg tunnelt und bis auf Meeresniveau hinabrollt. Im Verlauf dieses Vorgangs gibt es die Energie des Vakuums frei und wandelt sie in Bewegungsenergie und die Erzeugung von Elementarteilchen um. Dieses Tunneln entspricht der spontanen Bildung einer kleinen Blase mit einer Vakuumenergiedichte, die innerhalb der Blase etwas geringer ist als außerhalb. Der negative Druck außerhalb der Blase ist stärker als der negative Druck innerhalb der Blase, und diese Differenz zieht die Blasenwand auseinander. Sie expandiert immer schneller, bis der Vorgang annähernd Lichtgeschwindigkeit erreicht. Derweil rollt im Innern der Blase die Vakuumenergiedichte langsam den Berg hinab in Richtung Meereshöhe. Die Inflation setzt sich währenddessen innerhalb der Blase eine gewisse Zeit fort. Wenn sie das Meeresniveau erreicht und ihre Vakuumenergie in Form von Teilchen abgegeben hat, kommt die Inflation zum Stillstand, und die Friedmann-Phase setzt ein. Kurz nachdem mein Artikel erschienen war, veröffentlichten Andrei Linde sowie Andreas Albrecht und Paul Steinhardt unabhängig voneinander ganz ähnliche Szenarien. Außerhalb der Blase verbleibt der Vakuumzustand auf der Höhe des Gebirgstals, und ein endloser inflationärer Ozean setzt seine beschleunigte Expansion fort (s. erneut Abbildung 8 auf Seite 176).

Ich hatte die Geometrie und die Aspekte der Allgemeinen Relativitätstheorie untersucht, die bei der Bildung von Blasenuniversen durch Quantentunneln und dem daraus resultierenden Entstehen eines »Multiversums«, wie wir es heute nennen, eine Rolle spielen. In meinem Modell musste die Inflation innerhalb des Blasenuniversums noch eine Weile andauern, damit das große Universum entstehen konnte, in dem wir heute leben. In den Modellen von Linde sowie von Albrecht und Steinhardt geschah das von selbst, während die Vakuumenergiedichte in der Blase einige Zeit brauchte, um langsam den Berg hinunter in Richtung Meeresniveau zu rollen. Später im Jahr 1982 veröffentlichte Stephen Hawking dann ein Papier, in dem er das Konzept des Blasenuniversums aufgriff und zeigte, dass anfängliche Quantenfluktuationen durch Inflation ausgedehnt würden, bis sie kosmische Ausmaße erreicht und genau die Form hatten, deren es für die erfolgreiche Entstehung von Galaxien und Galaxienhaufen bedurfte. Die Struktur, die in der Folge in der Verteilung von Galaxien und in den Fluktuationen der CMB beobachtet wurde, befindet sich in vollkommener Übereinstimmung mit den Vorhersagen der Inflationstheorie.

Auch wenn die Möglichkeit besteht, dass in ferner Zukunft ein benachbartes Blasenuniversum mit dem unseren kollidiert (vielleicht in 10^{1800} Jahren, wobei dann ein plötzlicher Hot Spot am Himmel entstehen würde, dessen Strahlung alles dann noch vorhandene Leben zerstören würde), sind doch die meisten dieser anderen Universen im Multiversum für uns auf ewig unsichtbar, weil sie so weit entfernt sind, dass das von ihnen ausgehende Licht niemals die sich fortwährend inflationär ausdehnende Region zwischen uns und ihnen durchqueren kann. Es scheint ziemlich klar zu sein, dass eine einmal gestartete Inflation nur schwer wieder zu stoppen ist. Sie wird ewig weiter expandieren und ein Multiversum mit einer unendlichen Anzahl Universen erzeugen, von denen eines unser Universum ist.

Auch wenn wir diese anderen Universen im Multiversum nicht sehen können, haben wir doch Grund zu der Annahme, dass sie existieren, da sie eine unausweichliche Vorhersage der Inflationstheorie darzustellen scheinen. Und die Inflationstheorie liefert die Erklärung für eine Vielzahl beobachteter Daten.

Die Inflationstheorie erhielt einen enormen Aufschwung, als die Satelliten WMAP und Planck ihre Messergebnisse der Fluktuationen in der kosmischen Hintergrundstrahlung lieferten. Sie zeigten, dass das Universum insgesamt eine Krümmung von annähernd null aufweist. In einem positiv gekrümmten Universum wie Friedmanns 3-Sphären-Universum von 1922 würden wir weniger heiße und kalte Flecken in der Karte der Mikrowellen-Hintergrundstrahlung sehen. In einem negativ gekrümmten Universum wie Friedmanns hyperbolischem Universum geringer Dichte von 1924 gäbe es mehr solche Flecken.

Das bedeutet, dass wir das mathematische Vorzeichen der Krümmung gar nicht wirklich kennen. Die Krümmung des Universums liegt so nahe bei null, dass wir sie nicht zu messen vermögen. Unsere gegenwärtigen Daten zeigen, dass das sichtbare Universum mit einer Genauigkeit von 0,2 Prozent flach ist. Ganz ähnlich verhält es sich bei einem Basketballfeld: Es sieht ebenfalls flach aus, obwohl wir wissen, dass es der Krümmung der Erdoberfläche folgt. Nur ist der Radius der Erde so viel größer als das Basketballfeld, dass die Krümmung des Basketballfelds nicht wahrnehmbar ist. Die Menschen der Frühzeit glaubten, die Erde wäre flach, weil der winzige Teil der Erde, den sie sehen konnten, annähernd flach war. Wir wissen lediglich, dass der Krümmungsradius des Universums viel größer ist als der Radius von 13,8 Milliarden Lichtjahren, bis zu dem wir sehen können – also bis zur CMB. Ein positiv gekrümmtes, ballonförmiges Universum würde für uns flach aussehen, wenn sein Radius deutlich größer wäre als der von 13,8 Milliarden Lichtjahren. Dasselbe gilt für ein ausreichend ausgedehntes, negativ gekrümmtes hyperbolisches und schüsselförmiges Universum, wie es Friedmanns Modell geringer Dichte von 1924 vorsah – und wie es auch vorliegen sollte, sofern wir in einem Blasenuniversum leben. Guth hat betont, dass die Inflation auch bei den einfachsten Modellen – unabhängig davon, ob das Universum positiv oder negativ gekrümmt ist – in der Regel für eine so große Expansion sorgt, dass das

Universum viel größer wird als der Teil davon, in den wir Einblick haben. Guth sagte voraus, dass wir ein annähernd flaches Universum vorfinden würden, und Jahrzehnte später erwies sich diese Vorhersage als korrekt. Wenn unser Universum ein Blasenuniversum ist, so bedeutet die Tatsache, dass es uns annähernd flach erscheint, schlicht und einfach, dass es »lange« Zeit innerhalb der Blase immer weiter expandierte, während der Vakuumzustand nach dem Tunneln den Hügel hinabrollte. Eine »lange« Inflationsperiode von, sagen wir, 300 Größenverdopplungen, aus dem Innern der Blase gesehen, könnte bereits nach 10^{-35} Sekunden vorüber sein, wenn die Verdopplungszeit 10^{-38} Sekunden beträgt. Dann wäre der gegenwärtige Krümmungsradius des Universums 10^{90}-mal größer als der Teil, den wir sehen können, auf uns würde er also flach wirken.

Wir können weitere Informationen über unser kosmologisches Modell erhalten, indem wir den Expansionsverlauf des Universums unmittelbar messen. Dazu beobachten wir das Verhältnis zwischen Rotverschiebung und Abstand zu weit entfernten Objekten. Dafür nutzen Astrophysiker die sogenannten Typ-IA-Supernovae, deren Leuchtkraft exakt kalibrierbar ist. Aus diesen Daten geht hervor, dass sich die Expansion des Universums gegenwärtig beschleunigt. Für diese Entdeckung teilten sich Saul Perlmutter, Brian Schmidt und Adam Riess 2011 den Nobelpreis für Physik. In Modellen mit einem substanziellen Anteil positiver Energiedichte in Verbindung mit negativem Druck im Vakuum des leeren Raums – Dunkle Energie – kann die beschleunigte Expansion entstehen, die wir heute beobachten. Diese Vakuumenergiedichte ist genau das Phänomen, das wir für die Inflation angeführt haben, allerdings bei deutlich geringerer Energiedichte und damit auf einen deutlich längeren Zeitraum gestreckt (12,2 Milliarden Jahre für die Verdopplung der Größe des Universums heute, gegenüber den 3×10^{-38} Sekunden während der Inflation im frühen Universum). Die heutigen Daten auf der Basis von CMB, Supernovae, riesigen Strukturen, den Bewegungen von Galaxien und der Nukleosynthese leichter Elemente im frühen Universum fließen alle zusammen zu einem einmaligen, inflationären Urknallmodell, zusammengesetzt aus 5 Prozent gewöhnlicher Materie, 27 Prozent Dunkler Materie und 68 Prozent Dunkler Energie.

Mitunter wird gesagt, die Dunkle Energie sei eine mysteriöse Kraft, die die gegenwärtige beschleunigte Expansion des Universums bewirke. Manchmal heißt es gar, wir wüssten überhaupt nichts über die Dunkle Energie. Das stimmt so nicht. In Wirklichkeit wissen wir schon eine ganze Menge über die Dunkle Energie. Wir wissen, dass sie eine positive Energiedichte hat, weit mehr als gewöhnliche Materie und Dunkle Materie, weil positive Energiedichte notwendig ist, um das Universum, unserer Beobachtung entsprechend, annähernd flach erscheinen zu lassen. Wir wissen, dass die Energiedichte Dunkler Energie etwa 6 × 10^{-30} Gramm pro Kubikzentimeter beträgt (auf der Basis von Einsteins berühmter Gleichung $E = mc2$). Wir wissen, dass der Druck der Dunklen Energie negativ ist, denn da die Energiedichte der Dunklen Energie positiv sein muss, kann nur ein negativer Druck der Dunklen Energie die Gravitationsabstoßung erzeugen, die erforderlich ist, um die von uns beobachtete beschleunigte Expansion des Universums zu bewirken.

Die von den Satelliten WMAP und Planck gelieferten Ergebnisse ermöglichten in Verbindung mit Supernova-Beobachtungen und anderen Daten eine exakte Nachverfolgung der Expansionsgeschichte des Universums. Durch Anwendung von Einsteins Gleichungen konnte so das *Verhältnis von Druck zu Energiedichte* der Dunklen Energie bestimmt werden, ein Schlüsselparameter mit dem einfachen Kürzel w_0. Mithilfe einer geeigneten, von Zachary Slepian und mir entwickelten Formel kam das Team des Planck-Satelliten auf den Wert $w_0 = -1{,}008 \pm 0{,}068$. Dieser Schätzwert bestätigt innerhalb beobachtungsbedingter Toleranzen den Wert von $w_0 = -1$, den wir bei einer im Zeitverlauf unveränderlichen Dunklen Energie erwarten würden. Einstein wäre glücklich! Seine kosmologische Konstante erwies sich am Ende als geniale Idee!

Die Kraft, die die beschleunigte Expansion des Universums verursacht, ist einfach die *Gravitation*. Und sie wirkt abstoßend wegen des mit der Dunklen Energie verbundenen *negativen* Drucks. Wir vermuten, dass das, was wir Dunkle Energie nennen, eine Form von Vakuumenergie ist, die durch ein Feld oder Felder hervorgerufen wird, aber wir wissen nicht, durch welches Feld beziehungsweise welche Felder. Wir wissen, dass die Menge der Dunklen Energie über die Zeit in etwa konstant bleibt, aber wir können nicht sagen, ob sie langsam abnimmt (den Hügel hinabrollt) oder zunimmt (den Hügel hinaufrollt). Das ist Gegenstand aktueller Forschungen.

Unlängst wurde ein neuer, unabhängiger Test der Inflationstheorie im frühen Universum vorgeschlagen. Wenn die Inflation eine Verdopplung der Größe des Universums ungefähr alle 3×10^{-38} Sekunden bewirkt, dann hatte das sichtbare Universum in der inflationären Epoche lediglich eine Ausdehnung von 3×10^{-38} Lichtsekunden oder 3×10^{-27} Zentimetern. Diese Entfernung ist winzig. Nach der Heisenbergschen Unschärferelation in der Quantenphysik bewirkt dies Fluktuationen (Wellen) in der Geometrie der Raumzeit, die sich gemäß Einsteins Gleichungen mit Lichtgeschwindigkeit ausbreiten. Diese sich fortpflanzenden Fluktuationen sind Gravitationswellen, die ein charakteristisches und im Prinzip messbares Wirbelmuster in der Polarisation der kosmischen Hintergrundstrahlung hinterlassen würden. Bislang konnten diese Wellen allerdings noch nicht nachgewiesen werden. Das inflationäre Modell, das nach Ansicht des Planck-Teams den Daten am besten entspricht, stammt von

Alexei Starobinsky. Die darin angenommene Verdopplungszeit von 3×10^{-38} Sekunden am Ende der inflationären Epoche würde Gravitationswellen mit einer Amplitude auslösen, die zuverlässig unter den gegenwärtigen Obergrenzen unserer Messkapazität lägen. Zurzeit laufen mehrere Beobachtungsprojekte, darunter Experimente mit Forschungsballons in großer Höhe sowie erdgestützte Experimente in der Antarktis. Diese Experimente sollen Beobachtungsfehler reduzieren und genauere Tests der Inflationsmodelle ermöglichen. Die Astrophysiker warten gespannt auf die Ergebnisse, um zu erfahren, ob uns diese Beobachtungen ein neues Fenster zum frühen Universum aufstoßen können.

Die Inflationstheorie ist als Erklärungsmodell für die Struktur des für uns sichtbaren Universums ein bemerkenswerter Erfolg. Wir wissen nicht genau, wie die Inflation ihren Anfang nahm, da sie ihre Ausgangsbedingungen »vergisst«, wenn das Universum exponentiell expandiert und dabei alle ursprünglichen Komponenten extrem ausdünnt. Es gibt jedoch verschiedene Spekulationen über die Anfänge der Inflation.

Die Inflation kann, wie gesehen, von einem winzigen Universum ausgehen, einer »De-Sitter-Taille« mit vielleicht nur 10^{-26} Zentimeter Durchmesser, die in der Folge expandiert. Aber woher kommt diese »Taille«? Alexander Wilenkin regte an, sie könnte via Quantentunneln sprichwörtlich »aus dem Nichts« entstanden sein, einem Prozess also, der dem bei der Bildung von Blasenuniversen gleicht. Diesmal entspräche die im Gebirgstal ruhende Kugel einem Universum mit der Größe null. Die Kugel tunnelt durch den Berg und befindet sich plötzlich »draußen« auf dem Abhang. Dies entspräche einem Universum endlicher Größe – eben der »De-Sitter-Taille«. Wenn die Kugel den Hügel hinabrollt, entspräche diese Phase dem De-Sitter-Trichter (s. Abbildung 8 auf Seite 176). James Hartle und Stephen Hawking haben ein Modell mit einer ganz ähnlichen Geometrie ins Gespräch gebracht.

Das Quantentunneln ist gewiss eine merkwürdige Sache. Aber wir suchen auch nach seltsamen Ereignissen am Anfang des Universums, denn was danach geschah, war wahrhaft bemerkenswert. Vielleicht ist es tatsächlich der Tunneleffekt gewesen. Aber wir fangen ja nicht wirklich mit nichts an. Wir beginnen mit einem Quantenzustand, der einem Universum der Größe null entspricht und der bereits alles über Gesetze der Physik und der Quantenmechanik weiß. Aber wie und woher soll dieses Nichts etwas über die Gesetze der Physik wissen? Nun, die physikalischen Gesetze sind einfach die Regeln, die das Verhalten allen Stoffs bestimmen. Wenn kein Stoff vorhanden ist, was bedeuten dann die Gesetze der Physik? Vor diesem Problem stehen wir also, wenn wir versuchen, ein Universum aus dem Nichts zu erschaffen.

Inzwischen hat Andrei Linde darauf hingewiesen, dass ein inflationäres Universum auf dem Wege der Quantenfluktuation ein weiteres inflationäres Universum hervorbringen kann. Ein inflationärer De-Sitter-Trompetentrichter könnte ebenso einen weiteren inflationären Trichter erzeugen, der gewissermaßen daraus hervorsprießen würde, wie die Äste an einem Baum. Dieser Ast würde sich dann seinerseits aufblähen, dabei so groß werden wie der Stamm und wieder eigene Äste oder Zweige hervorbringen. So verzweigt sich alles immer weiter, es entsteht ein unendlich untergliederter Baum aus Universen, alle ausgehend von einem einzigen, ursprünglichen Stamm. Jeder einzelne Ast oder Zweig ist ein Trichter, der Blasenuniversen bilden könnte (wie in Abbildung 8 auf Seite 176). Wir würden in einem Blasenuniversum auf einem der Äste existieren, und doch könnten Sie sich fragen: Wo kam eigentlich der Stamm her?

Li-Xin Li und ich haben uns an einer Antwort auf diese Frage versucht. Wir haben auf die Möglichkeit verwiesen, einer der Äste könnte sich zeitlich zurückgekrümmt haben und so zum Stamm geworden sein. Wenn sich ein solcher Ast zeitlich rückwärts krümmt und zum Stamm wird, erzeugt er zunächst eine kleine Zeitschleife, ähnlich der Schleife in der Ziffer »6« (s. Abbildung 10).

Die vier inflationären Trichter mit den Bezeichnungen 1, 2, 3 und 4 sind vier der von Linde beschriebenen inflationären Verzweigungsuniversen, und jedes Einzelne davon wird Blasenuniversen bilden wie in Abbildung 8. Universum 2 »gebiert« die Universen 1 und 3. Universum 4 erwächst

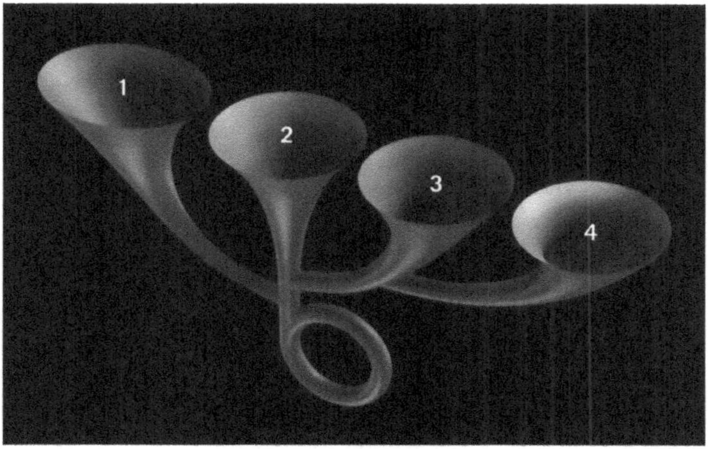

Abbildung 10: Das sich selbst erschaffende Universum nach Gott und Li. Die Schleife unten stellt eine Zeitmaschine dar; das Universum gebiert sich selbst.

Quelle: J. Richard Gott, Robert J. Vanderbei, »Sizing Up the Universe«, *National Geographic*, 2011.

aus Universum 3 und stellt sozusagen ein Enkeluniversum dar. Aufgrund der Zeitschleife unten ist Universum 2 seine eigene Mutter.

Solche Zeitschleifen sind im Rahmen der Allgemeinen Relativitätstheorie möglich. In den von Kip Thorne gefundenen Wurmloch-Lösungen finden wir sie beispielsweise auch, ebenso in meinen Lösungen auf der Basis kosmischer Strings. Dieses Universum hat also an seinem Beginn eine kleine Zeitmaschine – zu jedem Ereignis gibt es Ereignisse, die ihm vorausgehen. Wenn Sie sich innerhalb dieser kurzen Zeitschleife befinden, die zwischen 5×10^{-44} Sekunden und 10^{-37} Sekunden lang sein kann, gibt es immer Ereignisse, die gegen den Uhrzeigersinn (aus Ihrer Perspektive) vor Ihnen liegen und Sie auf dem üblichen kausalen Weg erst hervorgebracht haben. Dieses Multiversum hat eine endliche Vergangenheit, aber kein frühestes Ereignis.

Einer der wunderbaren Aspekte der Inflationstheorie liegt darin, dass ein kleines Stückchen inflationären Vakuumzustands zu einem großen Volumen expandiert, in dem jedes kleine Stückchen wieder genauso aussieht wie dasjenige, mit dem alles begann. Wenn eines dieser kleinen Stücke tatsächlich dasjenige *ist*, mit dem alles begann, haben wir eine Zeitschleife. Daher ist nach der Theorie von Gott und Li das Universum nicht aus dem Nichts entstanden, sondern aus Etwas, nämlich aus einem kleinen Stück seiner selbst: Das Universum kann seine eigene Mutter sein.

Heute steht die Inflationstheorie sehr gut da. Sie erklärt präzise die Fluktuationen, die wir in der kosmischen Hintergrundstrahlung beobachten. Wenn Sie Zweifel haben, dass eine solche Inflation stattgefunden hat, bedenken Sie, dass wir auch heute eine – wenngleich deutlich schwächere – Version der Inflation beobachten können. Die Expansion des Universums beschleunigt sich, höchstwahrscheinlich infolge eines Vakuumzustands Dunkler Energie mit sehr geringer Dichte von 6,9 × 10^{-30} Gramm pro Kubikzentimeter. Die Inflation beruht eben auf einer großen Menge Dunkler Energie im frühen Universum und scheint offenbar auf die Erzeugung eines Multiversums hinauszulaufen. Welch eine spektakuläre Aussicht! Die Forschung an all diesen Phänomenen und Modellen geht weiter.

KAPITEL 8

UNSERE ZUKUNFT IM UNIVERSUM

J. Richard Gott

Heute ist das Universum 13,8 Milliarden Jahre alt. Wenn es 19 Milliarden Jahre alt ist, wird die Andromeda-Galaxie in die Milchstraße gekracht sein. Um die 22 Milliarden Jahre nach dem Urknall wird die Sonne ihr Dasein als Stern der Hauptreihe hinter sich haben und bereits zu einem Weißen Zwerg geworden sein.

Wie beschrieben, deuten Beobachtungen darauf hin, dass das Universum mit Dunkler Energie angefüllt ist, deren Druck vom Betrag her ihrer Energiedichte entspricht, aber *negativ* ist – und damit dynamisch äquivalent zu Einsteins kosmologischer Konstante. Während sich die Materie im Universum aufgrund der Expansion weiter ausdünnt, behält die Dunkle Energie dennoch ihre Dichte, was zwingend dazu führt, dass das Universum in ferner Zukunft immer stärker von Dunkler Energie dominiert werden wird. Dies bedeutet, dass erneut eine neue Epoche geringer Inflation einsetzen wird. Der belgische Physiker und Priester Georges Lemaître zog als Erster ein solches Modell für die Zukunft unseres Universums in Betracht. Im Lauf der Zeit werden sich zwei Galaxien, die heute noch miteinander kommunizieren können, auf dem Gewebe der Raumzeit immer schneller voneinander entfernen. Irgendwann wird der Raum zwischen den beiden Galaxien so schnell expandieren, dass nicht einmal mehr das Licht den wachsenden Abstand zwischen ihnen überbrücken kann – es bilden sich Ereignishorizonte. Für uns wird es aussehen, als fiele die ferne Galaxie in ein Schwarzes Loch. Damit bleiben uns alle Ereignisse, die sich in späteren Zeiten in der fernen Galaxie abspielen, für immer verborgen.

Nach rund 850 Milliarden Jahren – inzwischen dominiert die Dunkle Energie vollständig die Expansion des Universums – wird das Universum infolge eines von Gibbons und Hawking beschriebenen Prozesses auf eine konstante Temperatur abgekühlt sein. Hawking hatte schon früher gezeigt, dass Ereignishorizonte Hawking-Strahlung erzeugen. Schwarze Löcher haben Ereignishorizonte, die uns keinen Blick ins Innere erlauben. Dies führt dazu, dass Hawking-Strahlung von ihrer Oberfläche emittiert wird, was letztendlich ein Verdampfen der Schwarzen Löcher zur Folge hat. Wenn aber das Universum weiterhin beschleunigt expandiert, werden auch dadurch Ereignishorizonte entstehen, dass es ferne Ereignisse gibt, die wir niemals zu sehen bekommen werden. Gibbons und Hawking berechneten, dass in einem solchen inflationären Universum in fernen Zeiten ein dann noch existierender Beobachter die resultierende thermische Strahlung sehen könnte: die *Gibbons-Hawking-Strahlung*. Diese in der Zukunft unseres Universums beobachtbare thermische Strahlung hätte eine charakteristische Wellenlänge von circa 22 Milliarden Lichtjahren. Die Wellenlänge der kosmischen Hintergrundstrahlung wird weiter zunehmen, während das Universum exponentiell wächst und seine Größe dabei alle 12,2 Milliarden Jahre verdoppelt. Nach 850 Milliarden Jahren wird die kosmische Hintergrundstrahlung eine charakteristische Wellenlänge aufweisen, die größer als 22 Milliarden Lichtjahre ist und damit unbedeutend wird im Vergleich zu der von den Ereignishorizonten erzeugten Gibbons-Hawking-Strahlung. An diesem Punkt dürfte die Temperatur des Universums nicht weiter abnehmen und sich konstant bei der Gibbons-Hawking-Temperatur von 7×10^{-31} K einpendeln. Das ist extrem kalt, aber immer noch knapp über 0 K, dem absoluten Nullpunkt.

Für das intelligente Leben, sofern in 850 Milliarden Jahren noch etwas dergleichen existiert, ist das letztlich keine gute Nachricht. Während sich andere Galaxien immer weiter von uns entfernen und hinter einem Ereignishorizont verschwinden, würden wir für immer allein und mit endlichen Energieressourcen gleichsam in einer Badewanne mit niedriger Temperatur festsitzen. Lebewesen brauchen Energie zum Leben, aber irgendwann würde uns die Energie ausgehen, und wir würden in ein Energiegleichgewicht mit diesem Thermalbad übergehen. Intelligentes Leben kann sich grundsätzlich sehr lange halten, indem es sich um verdampfende Schwarze Löcher herum zusammendrängt – Wärme und Energie bezieht es dann aus seiner eigenen Hawking-Strahlung. Allerdings werden sich auch die gewaltigsten Schwarzen Löcher irgendwann verflüchtigen (in circa 10^{100} Jahren), und das intelligente Leben wird aussterben. In 850 Milliarden Jahren, wenn die Gibbons-Hawking-Strahlung die Regie übernimmt, wird das intelligente Leben demzufolge eine deutliche Warnung bekommen, dass in ferner Zukunft Unheil drohen könnte.

Diese Überlegungen sind durchaus überprüfbar. Gibbons-Hawking-Strahlung wird auch im frühen Universum erzeugt, nämlich in dessen inflationärer Phase. Dies umfasst elektromagnetische Strahlung (Licht) ebenso wie Gravitationswellen. Wenn es irgendwann gelingt, diese Gravitationswellen aus dem frühen Universum anhand der Spuren nachzuweisen, die sie in der kosmischen Hintergrundstrahlung hinterlassen, wäre dies eine bedeutende experimentelle Bestätigung des Mechanismus der Hawking-Strahlung. Diese Gravitationswellen entstehen nicht durch die Bewegung von Massen, etwa die kürzlich vom LIGO entdeckten kollidierenden Schwarzen Löcher; etwas anderes würde sie hervorrufen, nämlich der Hawking-Mechanismus, ein Quantenprozess. Das wäre etwas Neues und Aufregendes.

Aber dem Leben in ferner Zukunft steht noch mehr Ärger ins Haus. Nach 10^{14} Jahren wird den letzten Sternen mit geringer Masse der Wasserstoff ausgehen, sie werden sterben und verlöschen. Das Universum wird dunkel. Nur die Überreste von Sternen bleiben – Weiße Zwerge, Neutronensterne und Schwarze Löcher. Vielleicht werden noch ein paar Planeten um sie kreisen. Doch nach 10^{17} Jahren dürften genügend viele nahe Vorbeiflüge anderer Sterne stattgefunden haben, um die Planeten aus ihren Bahnen zu reißen und in den interstellaren Raum zu schleudern.

Nach 10^{21} Jahren bilden sich Schwarze Löcher mit der Masse ganzer Galaxien. Wechselwirkungen der Gravitation zwischen je zwei Körpern schleudern einige Sterne aus ihren Galaxien heraus, der Rest stürzt in das zentrale Schwarze Loch. Die Gravitationsstrahlung sorgt dafür, dass Sterne in der Nähe des Schwarzen Lochs sich diesem spiralförmig annähern und schließlich ganz darin verschwinden.

Nach 10^{64} Jahren (wenn nicht schon früher) würden laut Hawking Protonen durch einen seltenen Prozess zerfallen: Dabei stürzt ein Proton aufgrund der Unschärferelation vorübergehend in ein mikroskopisch kleines Schwarzes Loch, und in der Folge zerfällt dieses Schwarze Loch rasch aufgrund der Hawking-Strahlung. Damit die elektrische Ladung erhalten bleibt, kann ein Positron, das viel leichter ist als das Proton, als eines der Zerfallsprodukte des Schwarzen Lochs emittiert werden, in dem das Proton ursprünglich verschwunden ist. Beim Zerfall von Protonen bleiben Elektronen und Positronen als massereichste Teilchen übrig. Möglicherweise zerfallen Protonen sogar noch früher; vielleicht nach ungefähr 10^{34} Jahren, aber unabhängig davon, was dann geschieht, wären nach 10^{64} Jahren alle Protonen zerfallen. Nach 10^{100} Jahren verflüchtigen sich durch die Hawking-Strahlung auch die Schwarzen Löcher mit einer Masse ganzer Galaxien und existieren nicht mehr.

Und was passiert danach?

Nach Ansicht der meisten Physiker stellt die Dunkle Energie, die heute das exponentielle Wachstum des Universums bewirkt, einen Vakuumzustand mit konstanter positiver Energiedichte und negativem Druck dar. Wie im vorigen Kapitel erläutert, können wir unsere gegenwärtige Situation mit dem Leben in einem Tal knapp über Meereshöhe vergleichen, wobei die Höhe auf die Menge der Dunklen Energie im Vakuum schließen lässt. Wir sind auf den Grund dieses Tals gerollt und liegen nun einfach dort. Der Betrag der Energie im Vakuum – die Dunkle Energie – verändert sich nicht. Deshalb wird das Universum für sehr lange Zeit seine Größe alle 12,2 Milliarden Jahre verdoppeln.

Wenn wir lange genug warten, könnte unser Vakuumzustand, der die Dunkle Energie hervorruft, via Quantentunneln durch die Wände des Gebirgstals hindurch in einen Zustand niedrigerer Energie (geringerer Höhe im Vergleich zu unserem gegenwärtigen Gebirgstal) übergehen. Irgendwo innerhalb unseres sichtbaren Universums würde dadurch eine Blase mit einem Vakuumzustand geringerer Dichte hervorgerufen. Der negative Druck außerhalb der Blase wäre negativer als der Druck im Innern, die Wände der Blase würden also auseinandergezogen. Nach kurzer Zeit bewegt sich die Blasenwand nahezu mit Lichtgeschwindigkeit nach außen, und sie würde immer weiter expandieren. Innerhalb der Blase würden andere physikalische Gesetze herrschen, und Sie würden es nicht überleben, wenn die Blasenwand Sie träfe.

Möglicherweise könnten wir »schon« nach 10^{138} Jahren beobachten, wie sich Blasen mit einem Vakuum geringerer Dichte bilden. Grund dafür ist eine bereits bekannte Instabilität der Vakuumenergie des Higgs-Felds. Viele Physiker sind allerdings der Ansicht, das Higgs-Vakuum würde durch Effekte stabilisiert, die bei höherer Energie auftreten. In diesem Fall sollten sich nach spekulativen Berechnungen von Andrei Linde Blasen mit einem Vakuum geringerer Dichte erst nach 10^(10^34) Jahren bilden. Diese Blasen würden entstehen, und genau wie die Blasenuniversen in Abbildung 8 (s. Seite 176) würden sie es nie schaffen, den gesamten Raum auszufüllen. Der ewig expandierende Vakuumzustand würde weiterhin alle 12,2 Milliarden Jahre auf die doppelte Größe wachsen – ein endlos wachsendes Volumen, ein inflationär expandierender Ozean, in dem sich hie und da Blasen bildeten. In der Spätphase gliche unser Universum ewig perlendem Champagner.

Eine andere Möglichkeit wäre, dass wir gar nicht in einem Gebirgstal leben, sondern auf einem Abhang, auf dem wir allmählich bis auf Meeresniveau hinabrollen. Dies bezeichnet man auch als *Dunkle Energie in der Slow-Roll-Phase*, eine Phase des langsamen (Hinab)Rollens also. Wie Bharat Ratra, Jim Peebles, Zachary Slepian und ich neben vielen anderen erforscht haben, würde sich dabei die Dunkle Energie im Laufe von Jahrmilliarden allmählich verflüchtigen und am Ende in einen Vakuumzustand mit Energiedichte null übergehen. Zu einem solchen allmählichen Hinabrollen kam es schon einmal während der inflationären Phase: Ein Zustand mit großer Dichte der Dunklen Energie rollte allmählich abwärts in den Vakuumzustand geringerer Energie, den wir heute beobachten. So etwas könnte wieder geschehen, dann würden wir ganz auf Meeresniveau – zur Vakuumenergie null – hinabrollen. In diesem Fall käme es nicht zur Gibbons-Hawking-Strahlung, und grundsätzlich könnte dann intelligentes Leben viel länger Bestand haben. Solche Szenarien lassen sich untersuchen, indem man die Expansionsgeschichte des Universums bis heute sorgfältig misst. Damit können wir anhand von Einsteins Gleichungen das Verhältnis zwischen Druck und Energie in der Dunklen Energie von heute messen, den Wert also, den wir in Kapitel 7 mit w_0 bezeichnet haben. Wenn w_0 exakt gleich -1 wäre, dynamisch äquivalent zu Einsteins kosmologischer Konstante, spräche das für das Szenario, dass wir »in einem Gebirgstal gefangen« sind. Die Dunkle Energie würde dann ihren Wert dauerhaft behalten, und das Universum würde seine Größe auf ewig alle 12,2 Milliarden Jahre verdoppeln, wobei zugleich über sehr lange Zeiträume via Quantentunneln letztlich Blasen geringerer Energiedichte entstehen würden. Ist der Wert von w_0 hingegen weniger negativ als -1, (also zwischen -1 und 0), könnten wir allmählich auf Meeresniveau hinabrollen, und die beschleunigte Expansion würde letztendlich von einer annähernd linearen Expansionsrate abgelöst. Das Universum würde zwar auch dann ewig expandieren, aber eben linear: im Lauf der Zeit nach dem Muster von 1, 2, 3, 4, 5, 6 …

Nach einer radikalen Hypothese von Robert Caldwell, Marc Kamionkowski und Nevin Weinberg könnte w_0 auch noch negativer als -1 sein. Bei diesem Modell sprechen wir von *Phantomenergie*. Das Ergebnis wäre eine Vakuumenergie, die mit der Zeit und mit der Expansion des Universums *zunehmen* würde, was zu einer unkontrollierten Expansion und letztlich zu einer Singularität – einem Zustand unendlicher Krümmung und unendlicher Gezeitenkräfte – führen würde. Auf diese Weise käme es in der Zukunft zu einem »Big Rip« (großen Riss), der in vielleicht einer Billion Jahren Galaxien, Sterne und Planeten in Stücke reißen würde. Auch wenn diese Möglichkeit besteht, ist sie doch weniger wahrscheinlich als die anderen beiden Szenarien. Viele Physiker nehmen jedoch das Modell der Phantomenergie durchaus ernst.

Welches dieser drei Szenarien ist relevant? Das hängt vom Wert von w_0 ab, dem Verhältnis von Druck zu Energiedichte in der Dunklen Energie heute. Wie erwähnt, ist die bestmögliche Schätzung für w_0 innerhalb normaler Ungenauigkeitstoleranzen konsistent mit dem einfachen Wert -1, was dem Modell entspricht, bei dem das Universum in der Senke eines Gebirgstals ruht. Dieses Resultat stützt stark die generelle Idee, dass die Dunkle Energie einen Vakuumzustand mit positiver Energie und negativem Druck repräsentiert. Allerdings sind diese Beobachtungen noch nicht wirklich in der Lage, Modelle, in denen wir noch immer in einem Gebirgstal ruhen, von denen zu unterscheiden, in denen wir langsam den Hügel hinabrollen (oder auch hinauf). In den beiden letzteren Fällen wäre w_0 fast, aber nicht exakt gleich -1, sondern läge leicht darüber oder darunter. Wenn sich bei künftigen Präzisionsmessungen von w_0 herausstellt, dass dieser Parameter eindeutig ungleich -1 ist, würden wir erfahren, ob die Situation eher dem Slow-Roll-Modell oder dem Phantomenergie-Szenario entspricht. Sollten bessere und immer weniger fehleranfällige Messungen jedoch erweisen, dass wir tatsächlich von $w_0 = -1$ ausgehen können, können wir das Modell »am Grunde des Gebirgstals« getrost zum Sieger erklären. Es gibt eine Reihe bereits laufender oder in Planung befindlicher Forschungsprogramme, mit denen die Beobachtungsfehler bezüglich w_0 vielleicht um den Faktor 10 verringert werden könnten. Diese Programme könnten uns endgültige Hinweise auf das Schicksal des Universums liefern.

Jetzt kennen Sie die besten Prognosen über die Zukunft unseres Universums. Aber wie steht es um *unsere* Zukunft im Universum? Was wird aller Wahrscheinlichkeit nach mit uns geschehen? Welches Schicksal harrt der Spezies *Homo sapiens* in ferner Zukunft?

Zunächst ist zu beachten, dass wir in einer sehr lebensfreundlichen Epoche leben. Das Universum hat das richtige Alter und ist hinreichend abgekühlt, damit Kohlenstoff und andere lebenswichtige Elemente entstehen konnten. Die Sterne leuchten freundlich und liefern uns Wärme und Energie. Es ist genau die Art von Epoche, in der wir davon ausgehen können, intelligente Beobachter anzutreffen. Nach dem Erlöschen der Sterne wird es intelligentes Leben wesentlich schwerer haben, entstehen oder gedeihen zu können. Das *schwache anthropische Prinzip* ist ein von Robert Dicke entwickeltes Konzept, das später seinen Namen und die präzise Ausformulierung von Brandon Carter erhielt. Es besagt, dass intelligente Beobachter selbstverständlich davon ausgehen müssen, sich an habitablen Orten zu befinden – in einer habitablen Epoche des Universums. Warum? Nun, logischerweise würde in einer *inhabitablen* Epoche niemand existieren und solche Fragen stellen.

Als die einzigen intelligenten Beobachter, die uns bislang im Universum begegnet sind, würden wir gerne wissen, mit welcher Lebenserwartung als Spezies wir wohl rechnen können. Wie könnten wir diese Frage angehen?

1969 besuchte ich die Berliner Mauer. Damals fragten sich die Menschen, wie lange es die Mauer wohl noch geben würde. Manche betrachteten sie als vorübergehende Verirrung, die bald wieder verschwinden würde. Andere sahen in der Mauer ein dauerhaftes Merkmal des modernen Europas.

Zur Abschätzung der künftigen Lebensdauer der Berliner Mauer bediente ich mich des Kopernikanischen Prinzips – der Annahme also, dass wir vermutlich keine Sonderstellung im Universum einnehmen. Diesem Prinzip sind wir schon weiter oben begegnet. Ich dachte: Ich bin nichts Besonderes. Mein Besuch ist nichts Besonderes. Ich mache einfach nach dem College-Abschluss eine Europareise. Ich besuche die Berliner Mauer, weil ich in Berlin bin und weil sie nun mal in Berlin steht. Ich hätte sie auch an irgendeinem anderen Tag ihrer Geschichte besuchen können. Wenn aber mein Besuch nichts Besonderes ist, muss er an irgendeinem beliebigen Zeitpunkt zwischen Anfang und Ende der Mauer liegen. Das Ende tritt ein, wenn entweder die Mauer fällt oder niemand mehr da ist, der sie besuchen könnte, ganz gleich, welcher Fall zuerst eintritt. Daraus ergibt sich eine 50-prozentige Wahrscheinlichkeit, dass ich mich irgendwo in der mittleren Hälfte ihrer Existenz befinde – in den mittleren zwei Vierteln ihrer Lebensdauer. Fiele mein Besuch auf den Anfang der mittleren 50 Prozent, hätte die Mauer ein Viertel ihres Bestehens hinter sich und drei Viertel noch vor sich. In diesem Fall wäre die künftige Lebenserwartung der Mauer das Dreifache ihrer bisherigen Lebensdauer. Fiele mein Besuch dagegen auf das Ende der mittleren 50 Prozent, wäre die Geschichte der Mauer schon zu drei Viertel abgeschlossen, und nur noch ein Viertel läge vor ihr. Die Zukunft der Mauer wäre also nur ein Drittel so lang wie ihre Vergangenheit. Es besteht eine 50-prozentige Wahrscheinlichkeit, dass ich zwischen diesen beiden zeitlichen Grenzwerten stehe und die künftige Lebenserwartung der Mauer zwischen einem Drittel und dem Dreifachen der Dauer ihres bisherigen Bestehens beträgt.

Zum Zeitpunkt meines Besuchs stand die Mauer seit acht Jahren. Im Angesicht der Mauer wagte ich gegenüber einem Freund, Chuck Allen, die Prognose, die zukünftige Lebensdauer der Mauer würde zwischen 2 2/3 Jahren und 24 Jahren betragen.

Zwanzig Jahre später saß ich vor dem Fernseher und rief meinen Freund an. »Chuck, erinnerst du dich an die Prognose damals an der Berliner Mauer? Schalt mal deinen Fernseher ein. NBC-Moderator Tom Brokaw steht gerade an der Mauer, und offenbar fällt sie genau heute!« Chuck erinnerte sich sehr gut. Die Berliner Mauer fiel 20 Jahre nach unserem Besuch, also innerhalb des Zeitraums, den ich vorhergesagt hatte. Mein Besuch spielte sich inmitten des Kalten Krieges ab, so gesehen hätte eine Atombombe die Mauer (und mich) in der nächsten Sekunde auslöschen können. Im Gegensatz dazu hat manche berühmte Mauer, etwa die Chinesische Mauer, schon viele tausend Jahre überdauert. Die Zeitspanne in meiner Prognose war ziemlich kurz, trotzdem lag ich damit richtig.

In der Regel ist es Wissenschaftlern lieber, wenn ihre Vorhersagen eine 95-prozentige Wahrscheinlichkeit haben, zutreffend zu sein. Diese 95 Prozent sind das übliche Konfidenzniveau für wissenschaftliche Arbeiten. Wie wirkt sich das auf meine Argumentation aus? Wenn Sie das Kopernikanische Prinzip anwenden, müssen Sie sich im Klaren sein, dass, sofern Ihre zeitliche Stellung nichts Besonderes darstellt, eine 95-prozentige Wahrscheinlichkeit besteht, dass Sie sich irgendwo inmitten von 95 Prozent der Periode der Beobachtbarkeit dessen aufhalten, was auch immer Sie beobachten – also weder in den ersten noch in den letzten 2,5 Prozent dieser Zeitspanne.

Als Bruch dargestellt sind 2,5 Prozent 1/40. Liegt Ihre Beobachtung am Anfang besagter 95 Prozent – also nur gut 2,5 Prozent nach dem Beginn der Periode –, so ist 1/40 der Geschichte Ihres Beobachtungsgegenstands vergangen, und 39/40 liegen in der Zukunft. Die Zukunft ist also 39-mal länger als die Vergangenheit. Befinden Sie sich dagegen nur gut 2,5 Prozent vor dem Ende, liegen entsprechend 39/40 der Periode in der Vergangenheit, und es verbleibt nur noch 1/40. Also:

Die Lebenserwartung dessen, was Sie beobachten – ganz gleich, was das ist –, wird (mit 95-prozentiger Gewissheit) zwischen 1/39 seiner vergangenen Lebensdauer und dem 39-Fachen seiner vergangenen Lebensdauer liegen.

Ich beschloss, diese Logik auf etwas wirklich Wichtiges anzuwenden, nämlich auf die Zukunft der menschlichen Spezies, des *Homo sapiens*. Unsere Art ist in ihrer gegenwärtigen Form ungefähr 200 000 Jahre alt. Diese Spanne reicht zurück bis unmittelbar vor die »mitochondriale Eva« in Afrika, von der wir alle abstammen. Die Formel besagt mit einer Zuverlässigkeit von 95 Prozent, dass, sofern unsere zeitliche Stellung auf der Zeitleiste der Geschichte unserer Spezies nichts Besonderes darstellt, die zukünftige Lebensdauer des *Homo sapiens* mindestens 5100 Jahre (das entspricht 200 000/39) und weniger als 7,8 Millionen Jahre (also 200 000 × 39) betragen dürfte. Wir verfügen über keine versicherungsmathematischen Daten über andere intelligente Spezies (die in der Lage wären, derartige Fragen zu stellen), daher dürfte diese Methode die beste sein, die wir haben. Die Zeitspanne der vorhergesagten Lebenserwartung ist so groß, weil wir zu 95 Prozent sicher sein wollen, dass wir richtig liegen. Allerdings bewegen sich die Schätzungen und Vorhersagen vieler Experten außerhalb dieser Zeitspanne. Manche apokalyptischen Prognosen prophezeien unser Aussterben schon innerhalb der nächsten 100 Jahre. Wenn das zuträfe, hätten wir das außergewöhnliche Pech, unmittelbar vor dem Ende der Geschichte der Menschheit zu leben. Andererseits meinen manche Optimisten, wir würden die Galaxie besiedeln und noch Billionen Jahre existieren. Wenn das zuträfe, hätten wir das außergewöhnliche Glück, praktisch am Anfang der Menschheitsgeschichte zu leben. Trotz ihrer breiten Zeitspanne ist die auf dem Kopernikanischen Prinzip gründende Formel also höchst informativ: Sie grenzt die Möglichkeiten auf einen engeren Bereich ein als die Prognosen vieler anderer.

Interessanterweise stimmt die von der Kopernikanischen Formel vorhergesagte Gesamtlebensdauer unserer Art auf bemerkenswerte Art und Weise mit der tatsächlichen Lebensdauer anderer Spezies überein. *Homo erectus,* unser unmittelbarer Vorfahre als Spezies, überdauerte 1,6 Millionen Jahre, die Neandertaler nur etwa 300 000 Jahre. Säugetierarten haben eine durchschnittliche Lebensdauer von 2 Millionen Jahren, andere Artengruppen auf der Erde durchschnittlich 1 bis 10 Millionen Jahre. Selbst der furchterregende *Tyrannosaurus rex* verschwand schon nach 2,5 Millionen Jahren wieder von der Bildfläche. Ein Meteoriteneinschlag vor etwa 65 Millionen Jahren machte ihm den Garaus.

Würden wir unsere künftige Lebensdauer als Spezies einfach auf der Basis versicherungsmathematischer Daten über andere Säugetierarten berechnen, kämen wir auf 50 600 bis 7,4 Millionen Jahre (wieder bei einer Konfidenz von 95 Prozent). Diese Werte liegen innerhalb der vom Kopernikanischen Prinzip vorgegebenen Grenzen, die nur auf unserer bisherigen Lebensdauer als intelligente Spezies beruhen. Solange wir auf der Erde bleiben, sind wir denselben Gefahren ausgesetzt, die den Untergang anderer Arten herbeigeführt haben, und die Tatsache, dass wir erst seit 200 000 Jahren existieren, sollte uns als Warnung dienen, dass unsere Intelligenz uns nicht zwangsläufig ein im Vergleich zu anderen Arten besseres Schicksal beschert.

Nun denken Sie vielleicht, okay, der *Homo sapiens* wird aussterben, aber das ist in Ordnung, weil wir in der Zukunft eine noch intelligentere Art hervorbringen werden, die unseren Platz einnimmt. Schon Darwin wies allerdings darauf hin, dass die meisten Arten keine von ihnen abstammenden Arten hinterlassen. Sie sterben einfach aus, ohne Verwandtschaft, die an ihre Stelle tritt. Beachten Sie in diesem Zusammenhang, dass alle Arten unserer Hominidenfamilie – Neandertaler, *Homo erectus*, *Homo habilis* und *Austra-*

lopithecus – ausgestorben sind. Wir sind als einzige Hominiden-Spezies übriggeblieben. Im Gegensatz dazu besitzt die Familie der Nagetiere beispielsweise 1600 verschiedene Spezies, die heute leben, was ihnen entsprechend große Chancen auf ein Überleben einräumt. Stephen Jay Gould verwies auf einen ähnlichen Aspekt, als er uns als »nur eine Weihnachtskugel« am Christbaum der Evolution bezeichnete. Wir sollten auch nicht darauf setzen, intelligente Maschinen als unsere Nachfahren zu hinterlassen. Wenn die meisten intelligenten Wesen in der Geschichte des Universums intelligente Maschinen *und* wir nichts Besonderes sind, sollte man sich vielleicht fragen: »Wieso bin ich keine intelligente Maschine?«

Manche Menschen, etwa Nick Bostrom, Philosophieprofessor in Oxford, halten es für möglich, dass wir lediglich simulierte intelligente Kreaturen auf dem Laptop irgendeines hochentwickelten künftigen Menschen sind. Wenn sich die Computertechnologie exponentiell weiterentwickelt, können Menschen in der Zukunft vielleicht wirklich hyperrealistische Simulationen kreieren, die die simulierten Menschen glauben machen, sie wären echt. Und wenn derartige simulierte Menschen viel zahlreicher sind als echte Menschen, könnten Sie ja auch annehmen, einer von ihnen zu sein, so das Argument. Allerdings erläutert William Poundstone in seinem Buch *The Doomsday Calculation* von 2019, warum dieses Argument nicht ganz so stichhaltig ist, wie es auf den ersten Blick erscheint – es geht nämlich einfach nicht auf. In einem solchen optimistischen Szenario könnten Sie davon ausgehen, ein simulierter Mensch zu sein. Aber die Äonen *zukünftiger* echter Menschen, die im hochentwickelten technologischen Zeitalter hyperrealistischer Simulationen leben, würden nach aller Erwartung die echten Menschen, die vorher lebten, an Zahl bei Weitem übertreffen. Die meisten simulierten Menschen würden daher annehmen, sich selbst (ebenso wie die Mehrzahl der echten Menschen, die sie simulierten) in einem »Leben« in einer Epoche zu befinden, in der derartige hyperrealistische Simulationen durchgeführt werden. Das tun Sie nicht, und diese Tatsache macht Sie zu etwas Besonderem (das heißt zu etwas extrem Seltenen). Deshalb ist die Simulationshypothese auf der Grundlage des Kopernikanischen Prinzips unwahrscheinlich – in solchen Szenarien wäre es wenig wahrscheinlich, dass Sie (simuliert oder nicht) sich in einer Epoche vor den hyperrealistischen Simulationen aufhalten, da nun einmal die meisten Menschen (simuliert oder nicht) nicht in einer solchen Epoche zu Hause sind.

Theaterstücke sind zum Beispiel Simulationen. Wenn Sie Schauspieler in einem Stück sind, werden Sie vermutlich in einem Stück auftreten, das in einer Epoche spielt, in der es bereits Theaterstücke gab – also in der Zeit nach dem antiken Griechenland. Entsprechend spielen auch die meisten Filme in Epochen, in denen es bereits Filme gab. Wenn die

Simulationshypothese zuträfe, wären Sie etwas Besonderes – eines der relativ wenigen intelligenten Wesen, die glauben, in einer Epoche zu leben, bevor hyperrealistische Simulationen möglich waren. Wie David Kipping anmerkte, muss die Wahrscheinlichkeit, dass Sie ein simulierter Mensch sind, noch weiter reduziert werden, da wir keine Vorstellung davon haben, ob solche hyperrealistischen Simulationen überhaupt möglich oder praktikabel sind.

Natürlich gibt es bestimmte Situationen, in denen wir die Kopernikanische Formel besser nicht zur Anwendung bringen sollten. Benutzen Sie sie nicht bei einer Hochzeit eine Minute nach dem Jawort, um damit zu prognostizieren, dass die Ehe in 39 Minuten schon wieder vorbei sein wird. Sie sind zu einer besonderen Zeit als Hochzeitsgast eingeladen worden, nämlich um Zeuge der Eheschließung zu sein, Sie sind also kein zufälliger Beobachter. Meistens jedoch können wir uns durchaus auf die Kopernikanische Formel stützen. Seit der Einführung meiner Formel im Jahr 1993 ist sie oft erprobt worden und hat die künftige Lebensdauer der verschiedensten Dinge erfolgreich vorhergesagt – Stücke und Musicals am Broadway, Regierungen, die Amtszeit von Staatenlenkern. Hier kommt noch eine weitere Ausnahme: Nutzen Sie die Formel nicht, um die Lebensdauer des Universums als Ganzes abzuschätzen. Es ist denkbar, dass Sie an einem besonderen (habitablen) Ort leben, weil Sie ein intelligenter Beobachter sind – das ist der Kern des sogenannten *anthropischen Prinzips.* Intelligente Beobachter waren im heißen, frühen Universum noch nicht zugegen und könnten aussterben, sobald die Sterne der Hauptreihe ausgebrannt sind. Doch *innerhalb* der Gesamtheit intelligenter Beobachter dürfte Ihr Aufenthaltsort in der Raumzeit keine Sonderstellung einnehmen. Im Allgemeinen ist die Kopernikanische Formel anwendbar, weil es unter allen Orten, an denen sich intelligente Beobachter befinden können, definitionsgemäß nur einige wenige besondere Orte gibt, aber sehr viele ganz gewöhnliche. Es ist schlicht sehr wahrscheinlich, dass Sie an einem dieser vielen gewöhnlichen Orte leben. Daher spielt sich ihre gegenwärtige Beobachtung vermutlich auch nicht an einem besonderen Ort ab, gemessen an der Menge aller von intelligenten Beobachtern gemachten Beobachtungen. Brandon Carter, der sich mit dem anthropischen Prinzip einen Namen gemacht hat, sowie John Leslie und Holgar Nielson sind unabhängig voneinander zu ganz ähnlichen Schlussfolgerungen gelangt.

Ich konnte unter Anwendung der kopernikanischen Idee und ein bisschen raffinierter Algebra eine Obergrenze für die mittlere Lebensdauer von Radiowellen übermittelnden Zivilisationen bestimmen: 12 000 Jahre (mit einer Konfidenz von 95 Prozent). Wäre die mittlere Lebensdauer länger, dann würde mein Artikel in *Nature* vom Jahr 1993, in dem ich diese kopernikanischen Prognosen veröffentlichte, entweder als ungewöhnlich früh in der Geschichte unserer

Radiowellen übermittelnden Zivilisation erscheinen, oder aber als ungewöhnlich früh auf der Zeitleiste aller Radiowellen aussendenden Zivilisationen, zusammengenommen und nach Lebensdauer geordnet. Daraus ergibt sich eine kopernikanische Schätzung, die Sie in die Drake-Gleichung einsetzen können: $L_C < 12\,000$ Jahre (mit 95 Prozent Konfidenz). Wir haben diese Schätzung in Kapitel 4 verwendet.

Wenn Sie glauben, dass intelligente Spezies üblicherweise ihre Galaxie kolonisieren, dann fragen Sie sich selbst: Warum bin ich kein Weltraumkolonist? 1950 stellte Enrico Fermi eine berühmte Frage zu Außerirdischen: *Wo sind sie?* Wieso haben sie nicht schon längst die Erde kolonisiert? Das Kopernikanische Prinzip liefert uns die Antwort auf Fermis Frage: Ein signifikanter Anteil aller intelligenten Beobachter muss noch immer auf dem jeweiligen Heimatplaneten sitzen (sonst wären Sie etwas Besonderes). Die Kolonisierung kann nicht so häufig vorkommen. Daraus folgt – ein wichtiger Aspekt –, dass wir die Drake-Gleichung überhaupt verwenden dürfen: Sie liefert uns einen Schätzwert für die Anzahl intelligenter Zivilisationen, die unabhängig voneinander auf ihren Heimatplaneten entstehen.

Wie groß ist die Wahrscheinlichkeit, dass der Mensch letztendlich die gesamte Milchstraße besiedeln wird – also 1,8 Milliarden habitable Planeten, unser in Kapitel 4 ermittelter Wert? Nach dem Kopernikanischen Prinzip gibt es, sofern Sie nichts Besonderes sind, nur eine Chance von 1 zu

1,8 Milliarden, dass Sie sich auf dem ersten 1,8-Milliardstel aller Planeten befinden, das jemals von Menschen bewohnt wurde, und daher nur eine Chance von 1 zu 1,8 Milliarden besteht, dass wir letztendlich alle 1,8 Milliarden Planeten besiedeln werden, unter der Voraussetzung, dass wir uns auf dem ersten dieser Planeten befinden. Dennoch wäre die Wahrscheinlichkeit, dass wir in Zukunft einige Planeten besiedeln, angefangen vermutlich mit dem Mars, nicht so gering, und es könnte unsere Überlebenschancen erhöhen. Wir sollten möglichst bald damit beginnen, solange wir noch ein Weltraumprogramm haben.

Das menschliche Raumfahrtprogramm sollte das Ziel haben, unsere Überlebenschancen durch Besiedelung des Weltraums zu erhöhen.

Seit sechs Jahrzehnten unternimmt der Mensch Flüge in den Weltraum. Gemäß dem Kopernikanischen Prinzip besteht eine 50-prozentige Chance, dass die Finanzierung des menschlichen Raumfahrtprogramms noch mindestens weitere 60 Jahre Bestand hat – lange genug, um eine Marskolonie zu gründen. Eine solche Kolonie zu fordern, ist keineswegs utopisch. Mein Kopernikanisches Prinzip sagt, wir sollten uns damit sputen, bevor das Geld für menschliche Raumfahrtprogramme zur Neige geht. In einem Interview mit bigthink.com drückte es Stephen Hawking im Jahr 2010 so aus: »Die Menschheit sollte nicht nur auf einen Planeten setzen, sollte nicht alle Eier in einen einzigen Korb legen.

Hoffen wir, dass wir den Korb nicht fallen lassen, bevor wir seinen Inhalt verteilt haben.«

Elon Musk, der Chef von SpaceX, interessiert sich für privat finanzierte Projekte zur Besiedelung des Mars.

Mit einer Marskolonie hätte unsere Spezies zwei Chancen statt nur einer. Am Ende könnten sich damit unsere langfristigen Überlebenschancen verdoppeln. Wir hätten eine Lebensversicherung gegen Katastrophen, die über die Erde hereinbrechen könnten, von Krieg über Klimakatastrophen und Asteroideneinschläge bis hin zu überraschend auftretenden tödlichen Pandemien. Es könnte auch unsere Chancen verdoppeln, überhaupt jemals zu einem anderen Sternensystem zu gelangen. Kolonien können weitere Kolonien begründen. Die ersten Worte, die auf dem Mond gesprochen wurden, waren englische Worte – aber nicht, weil England Astronauten zum Mond geschickt hätte, sondern weil es eine Kolonie in Nordamerika gegründet hatte, die dies tat.

Wenn wir uns umsehen, können wir erkennen, dass das Universum uns zeigt, was wir zu tun haben. Wir leben auf einem winzigen Körnchen in einem riesigen Universum. Das Universum sagt uns laut und deutlich: Breitet euch aus und erweitert euer Habitat, um eure Überlebenschancen zu erhöhen. Wir leben auf einem Planeten, der übersät ist mit den Knochen ausgestorbener Arten, und das Alter unserer Spezies ist winzig im Verhältnis zu dem des Universums insgesamt. Wir sollten uns ausbreiten, bevor wir aussterben. Wir haben ein Raumfahrtprogramm, das erst gut ein halbes Jahrhundert alt und in der Lage ist, uns auf andere Planeten zu schicken. Wir sollten möglichst klugen Gebrauch davon machen, solange es noch da ist. Werden wir uns hinauswagen oder dem Universum den Rücken zuwenden? Die Tatsache, dass wir diese Diskussion auf der Erde haben, ist bereits eine Warnung vor dem durchaus vorhandenen Risiko, eines Tages auf der Erde festzusitzen und nicht mehr wegzukommen.

Unsere Intelligenz schenkt uns ein großes Potenzial, das Potenzial, die Galaxie zu besiedeln und zu einer Superzivilisation zu werden. Den meisten intelligenten Wesen dürfte dies allerdings noch nicht gelungen sein – sonst wären Sie insofern etwas Besonderes, als Sie einer seltenen Ein-Planeten-Spezies angehören. Wir nutzen Energiequellen, die weit schwächer sind als unsere eigene Sonne. Wir sind schwach, und es gibt uns noch nicht allzu lang. Aber wir sind intelligente Wesen, und wir wissen eine ganze Menge über das Universum und die Gesetze, die es regieren – wann es begann und wie seine Galaxien, Sterne und Planeten entstanden sind.

Die Geschichte dieser erstaunlichen Leistung haben wir in diesem Büchlein erzählt.

DANK

Dieses Buch verdankt sein Zustandekommen der harten Arbeit vieler Menschen. Zuallererst danken wir unseren Fachkollegen an der Princeton University, von denen wir im Lauf der Jahre so viel gelernt haben und die für eine solch produktive und angenehme Arbeitsatmosphäre sorgten. Ganz besonders danken wir Frau Professor Neta Bahcall.

Wir danken unseren Studentinnen und Studenten: Cullen Blake, Wes Colley, Julie Comerford, Daniel Grin, Yeong-Shang Loh, Justin Schafer, Joshua Schroeder, Zack Slepian, Iskra Strateva und Michael Vogeley. Wir danken Ramin Ashraf, Sorat Tungkasiri, Paula Brett, Sofia Kirhakos Strauss (Michaels Ehefrau) und Kathy Gryzeski für die Hilfe auf unserem Weg, ebenso Lucy Pollard-Gott (Richs Ehefrau), die das gesamte Buch redigiert hat. Wir danken Robert J. Vanderbei und Li-Xin Li für die Unterstützung bei den Grafiken. Wir danken auch Adam Burrows, Chris Chyba, Matias Zaldarriaga, Robert J. Vanderbei und Don Page für hilfreiche Diskussionen.

Beim Verlag Princeton University Press danken wir unserem Produktionsredakteur Mark Bellis, unserer Lektorin

Kathleen Kageff und für ihr außergewöhnliches Vertrauen und ihre visionäre Einstellung unserer Herausgeberin Ingrid Gnerlich.

Und last but not least, danken wir unseren Ehefrauen, Kindern und Enkelkindern für ihre Liebe.

Michael A. Strauss
Neil deGrasse Tyson
J. Richard Gott

REGISTER

L

M

Herzlich Willkommen im Universum

Neil deGrasse Tyson | Michael A. Strauss | J. Richard Gott

Die moderne Astrophysik klingt unglaublich kompliziert und zugleich unendlich spannend: Wurmlöcher, sterbende Sterne, schwarze Löcher, Exoplaneten, Zeitreisen. Neil deGrasse Tyson, Michael A. Strauss und J. Richard Gott schaffen es auf fantastische Art und Weise, komplexe Sachverhalte so zu erklären, dass sie jeder versteht.

Herzlich willkommen im Universum beantwortet die zentralen Fragen: Wie leben und sterben Sterne? Warum ist Pluto kein Planet mehr? Wie wahrscheinlich ist die Existenz intelligenten Lebens im Universum und ist unseres eigentlich das einzige? Ein spektakulärer Einblick in die Welt der Astrophysik, wie ihn nur drei Wissenschaftler von Weltklasse liefern können. Es ist die erweiterte Ausgabe von *Das Universum für die Hosentasche*.

560 Seiten | Hardcover | 26,99 € (D) | 27,80 € (A) | ISBN 978-3-95972-122-6

Astrophysik, das Universum und der ganze Rest

Neil deGrasse Tyson | Gregory Mone

Von den Grundlagen der Physik bis hin zu großen Fragen über Raum und Zeit: Der gefeierte Astrophysiker und Wissenschaftler Neil deGrasse Tyson bringt nach seinem Millionen-Bestseller *Astrophysics for People in a Hurry* nun auch jungen Lesern die Geheimnisse des Kosmos nahe. Er beschreibt anschaulich die grundlegenden Regeln und Unbekannten unseres Universums – und mit Tysons charakteristischem Witz kommt auch der Spaß nicht zu kurz.
Das Buch enthält mehr als 40 farbige Fotos, Infografiken und zusätzliche Erklärungen, um selbst die kniffligsten Konzepte zugänglich zu machen. Aufbauend auf dem Wunder, das der Weltraum hervorruft, führt »Astrophysik, das Universum und der ganze Rest« Jugendliche ab acht Jahren in ein spannendes Gebiet und die Prinzipien wissenschaftlicher Forschung ein.

176 Seiten | Hardcover | 15,00 € (D) | 15,50 € (A) | ISBN 978-3-95972-486-9